JN077811

日本のオート三輪車史

GP企画センター 編

グランプリ出版

はじめに

本書ではオート三輪車という言葉で統一しているが，実際には三輪自動車とか小型三輪トラックといわれ，その方がもっともらしいかもしれない。しかし，一般には子供用の三輪車と区別するために，前にオートを付けた言い方で広まったものだ。規格に当てはまったものではなく，最初からユーザーの要望があって，それに応えようとして誕生し進化してきたものである。

おそらく1960年頃までに生まれた人たちなら，オート三輪車を身近に感じたことがあったに違いないが，必死に働く庶民のエネルギーを象徴する輸送機関であった。荷台には満載の荷物が，いまにも落ちそうなほど積まれた姿が似合う乗り物だった。現在の自動車のように安全性や快適性などを言い募っている時代ではなく，そんなことをくどくど言う暇があったら，もっと働け，と叱咤される時代のものだった。効率を求めるというより，貧しさから脱しようとする原動力が，オート三輪車を求めていたといえるだろう。しかし，時代が進むにつれて，そのオート三輪車も雨風にさらされないものになり，エンジンのパワーもアップしてきた。

単に贅沢さを求めたというより，積載量を多くするという絶え間ない要望に応えようとすると，機構的にも操作的にも高級なものにしていく以外になかったのだ。それと，小型四輪トラックとの競争を意識するようになって，高級化が進んで，結果としてオート三輪車が役目を終えたように姿を消したのである。軽三輪は含まれないので，記述はあくまでもオート三輪車が中心である。

かつてのオート三輪車の姿を単に眺めて懐かしむだけでなく，どのように進化していったか，どのようなメーカーが，どのように奮闘したかなど，記録として残しておこうと編集した。古い資料をひっくり返し，それらをつなぎ合わせてまとめたものである。それらに接していると，何十年も前のことであるが，オート三輪車を開発するメーカーの技術者の情熱とエネルギーがひしひしと伝わってくるような気がしたものだった。

編集するに当たっては，我々の手持ちの資料を総動員したが，それだけでは不十分で，貴重な資料やカタログなどを塗装の名人であり著述家である中沖満氏や，高原書店の高原英世氏からお借りした。また，自動車メーカーからも写真などを提供していただいた。ここで厚く感謝したい。

監修者　桂木　洋二

日本のオート三輪車史

目次

日本特有の輸送機関としてのオート三輪車

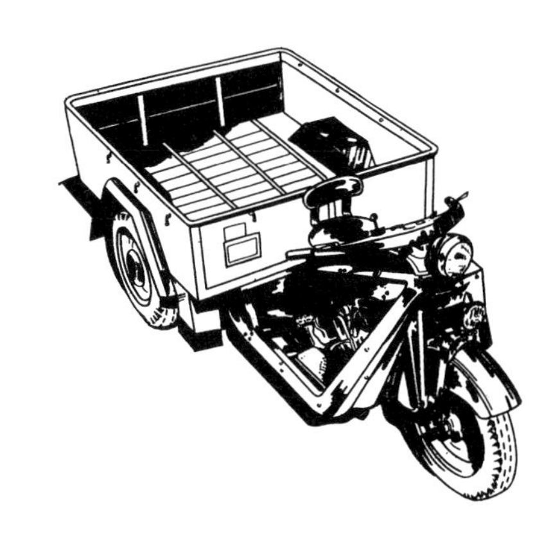

日本は現在の社会や生活の姿になるまで，何度も変化をしてきている。それまで身近にあった日常生活の道具なども姿を消してしまった。その代表的なものが，和服から洋服への変更であり，木造平屋住宅や未舗装の道路だった都市部の景観の変貌である。たとえば，1960年頃の家の中は，障子で部屋が仕切られており，柱にはゼンマイで動く振り子付きの時計がカチカチと音を立てており，冬の暖房はもっぱら炭や練炭による火鉢で，食事も畳の上に置かれた卓袱台に料理が並べられた。もちろん，ハンバーガーショップのようなファーストフード店はなく，コンビニエンスストアもなく，標準的な家庭では外食もごくたまにするものであった。第一，テレビはどの家庭にもあるものではなく，電気冷蔵庫なども普及していなかった。

都心にも高層ビルは建っておらず，道路は雨が降ればぬかるみ，あちこちに水たまりができ，晴れていればほこりが舞い上がり，広場では子供たちが野球やボール遊びに興じていた。遊ぶ空間があちこちにあって，子供は外で遊ぶのが当たり前だった。

こうした光景は戦前からの生活の延長であったが，テレビや洗濯機や冷蔵庫といった，三種の神器といわれた電化製品の普及とともに，次第にそうした光景が見られなくなった。

敗戦によって，すっかり焼け野原となった日本は，アメリカのような豊かさを求めて必死に働き，貧しさと格闘してきた。その貧しさからの脱出が，こうした電化製品

オート三輪車は、戦後もしばらくは幌もなく荷物を積むだけで走行していた。それでも長尺ものを積める荷台になっていることが必要だった。これはマツダLB型でエンジン排気量701cc750kg積みだった。

に囲まれた便利な生活だった。1950年（昭和25年）の朝鮮戦争による特需景気がきっかけとなって戦後の混乱から脱する契機を掴み，新しい段階に入っていった。

豊かさを手に入れるようになって，変化は加速した。次の新しい三種の神器として，クーラー，カラーテレビ，そしてカーという3つのCを持つことが目標になったのは60年代の後半のことであり，その目標もあっけないほど簡単に達成された。その過程で道路は舗装され，高速道路網が全国的にはりめぐらされ，高層ビルが建設され，住宅のあり方も変化してきた。日本は，先進国の仲間入りをはたし，アジアではもっとも豊かな国となり，日本の製品が世界中に輸出されていった。

日本の高度成長を支え，基幹産業として経済発展にもっとも貢献したのが自動車産業である。輸出も盛んで，日本の戦後の成長のシンボルともいえるもので，トヨタ自動車は，日本でトップの売り上げと収益を長年にわたって維持しており，世界的な企業になっている。自動車産業が大きく飛躍するのは乗用車が生産の中心になった1960年代からのことである。豊かになったことで，クルマを個人で所有できるようになり，そのことが自動車産業の発展につながり，同時に日本をさらに豊かにする原動力になった。

自動車の世界でも，戦後の貧しい時代は主役がトラックであり，人間が乗って楽しむような個人的欲望を満たす贅沢は，かつては望むことができなかったのだ。自動車はものを輸送する手段として，商用に供されるのが当然であった。それもなるべく経済的でコストがかからないものが必要とされた。

今日では忘れ去られたものになっているが，オート三輪車は日本を代表するクルマであった。というより，日本の社会・風土のなかから誕生した日本的な乗りものであり，一時代を築いたクルマである。クルマは，それぞれの国の文化や社会風俗を背負ってつくられるものであるが，オート三輪車はまさに戦前戦後のまだ貧しかった日本が必死に成長しようと，豊かさを目指した時代のものである。したがって，舗装されない道路と木造モルタルの建物などに象徴される貧しさを背景とした乗りものだった。そして，目的とした豊かさを手に入れたところで見向きもされなくなり，姿を消していったのだ。

オート三輪車は，過去の遺物として忘れ去られ，現在は，当然のことながらオート三輪車の走っている姿を見ることはほとんどなく，博物館の片隅などで辛うじてお目にかかれる程度である。過去のクルマたちが思い出として，あるいは貴重な歴史的な機械として博物館などで大事に展示されるようになってきているなか，日本を代表するクルマであったオート三輪車は，あまり珍重されているとはいえない。その理由は，オート三輪車が輸送手段としての役目を果たしたトラックであり，現在のクルマとの連続性のあるものでなく，庶民の味方として政府の保護や育成とはほとんど無縁のところで活躍したものだからでもある。

オート三輪車を現在の整備された都市のなかに置いても違和感があるだろう。やはり未舗装の水たまりのあるような狭い道路で，昔ながらの商店や材木などが無秩序に置かれていたり，洗濯物が目立つ木造の平屋を背景にしたほうがしっくりくる。それだけ庶民の生活にとけ込んだクルマであった。

1950年代後半になるとオート三輪車の高級化が進み，例えば図のダイハツ車のように荷台とキャビンが分割され乗員の快適性も向上した。

1. 四輪車を上まわるオート三輪車の生産台数

オート三輪車を語るには，オート三輪車が活躍した社会的な背景などをよく知る必要がある。終戦から10年ほどの間は，戦後の混乱期とそれを脱しようとしていた時代だった。電化製品がまだ高嶺の花であった時代にオート三輪車が活躍しており，そのころは小型トラックよりも生産台数は多かった。しかし，クルマの主流はあくまでも四輪車であり，オートバイでもなく，四輪でもないオート三輪車は傍流のクルマという位置づけであった。

オート三輪車が全盛を誇った1950年代の自動車は，大きく分けて①オートバイ，②オート三輪車，③乗用車及び小型トラック，④大型トラック及びバスという4つに分類される。そして，これら4種類の分野ごとに異なるメーカーが活動していたのが，この時代の大きな特徴だった。

オートバイメーカーはオートバイのみをつくり，オート三輪メーカーは四輪メーカーとは異なる分野のクルマとして生産し，明瞭に分野ごとに住み分けられたなかで活動していた。トヨタやニッサンは四輪車メーカーとして独自にクルマの開発を続けており，ダイハツやマツダといったオート三輪メーカーとは直接的な競合関係になく，お互いを意識することもあまりなかった。

とくに競争が熾烈だったのは，オートバイの分野であった。最初は自転車に直接小さなエンジンを取り付けて駆動するものが普及したが，次第に車体も専用のものになり，多くのメーカーがこの分野に参入した。荷物の運搬に使用されるものがほとんどで，現在のようにライディングを楽しむために所有するというのは，ごく一部に限られていた。

戦後すぐのなにもない時代では，どんなものでもつくれば売れる時代で，オートバイとしての品質よりも，とにかく物資の運搬の用に足りるものとして需要があった。そのために，年間10台に満たない生産台数しかないメーカーもあり，メーカーの数だけでいえば，100社を超えるほどであったという。エンジン単体を販売するところも

戦後新規参入各社の状況

社名（当時）	オート三輪名	資本金	従業員数	生産開始
三菱重工水島	みずしま	10億円	1900名	1946年7月
愛知起業	ヂャイアント	3000万円	1200名	1946年7月
三井精機	オリエント	1億円	1800名	1946年7月
明和興業	アキツ	6000万円	2500名	1946年12月
日新工業	サンカー	500万円	250名	1947年4月

経済性にすぐれ，小回りの利くのがオート三輪車の特徴だった。

あったから，それを購入して車体だけ一品料理的に製作しても，オートバイメーカーとなることができた時代である。比較的簡単につくることができるから，参入するところが多かったのだ。

しかし，混乱のなかから次第に落ち着きを見せるようになると，オートバイも性能がよくて信頼性のあるものをつくるメーカーと，そうでないところの差が明瞭になっていく。1950年代に入ると，オートバイの世界でも，その後の有力メーカーとなるホンダやスズキが台頭しつつあり，その後に頭角をあらわすヤマハがこの分野に参入するのは1954年のことである。

世の中が落ち着きを取り戻すにつれて，商品としての品質の良さが求められるようになり，同時に，オートバイが輸送手段としてだけでなく，若者が乗り回して楽しむ道具としての比率も少しずつ高まってきていた。

オート三輪車は，戦前からひとつの分野として確立されており，一定の需要があった。生産が停滞したのは，戦争に突入することで物資が統制されるようになり，生産できなくなったからだ。終戦によって兵器などをつくっていたかつてのオート三輪車メーカーは，すぐに民間用の需要が見込めるオート三輪車の生産に着手している。戦前から有力メーカーであったダイハツやマツダ，それにくろがねは，オート三輪車を主力製品として，戦前モデルのオート三輪車の生産から始めている。

オートバイと比較すると，オート三輪車メーカーの数は限られていた。オート三輪車は戦前の段階ですでに完成度が高められており，それを元にして再スタートしたものであり，オート三輪の分野に新しく参入するには，エンジンを開発することのできる技術力や，生産設備を整えられる資本力がなくてはならなかった。戦後の混乱期といえども，最初から商品としてあるレベルに達したものでなくては通用しなかったのだ。ヤマハでは，楽器以外の分野に新規の事業を始めるに当たって，オートバイ以外にオート三輪車に注目したものの，結局は二輪の分野に進出することになったという。

戦後になってオート三輪メーカーとして名乗りを上げたのは，三菱重工業の水島製作所や三井財閥の関連企業である三井精機，戦前から戦時中にかけて航空機をつくっ

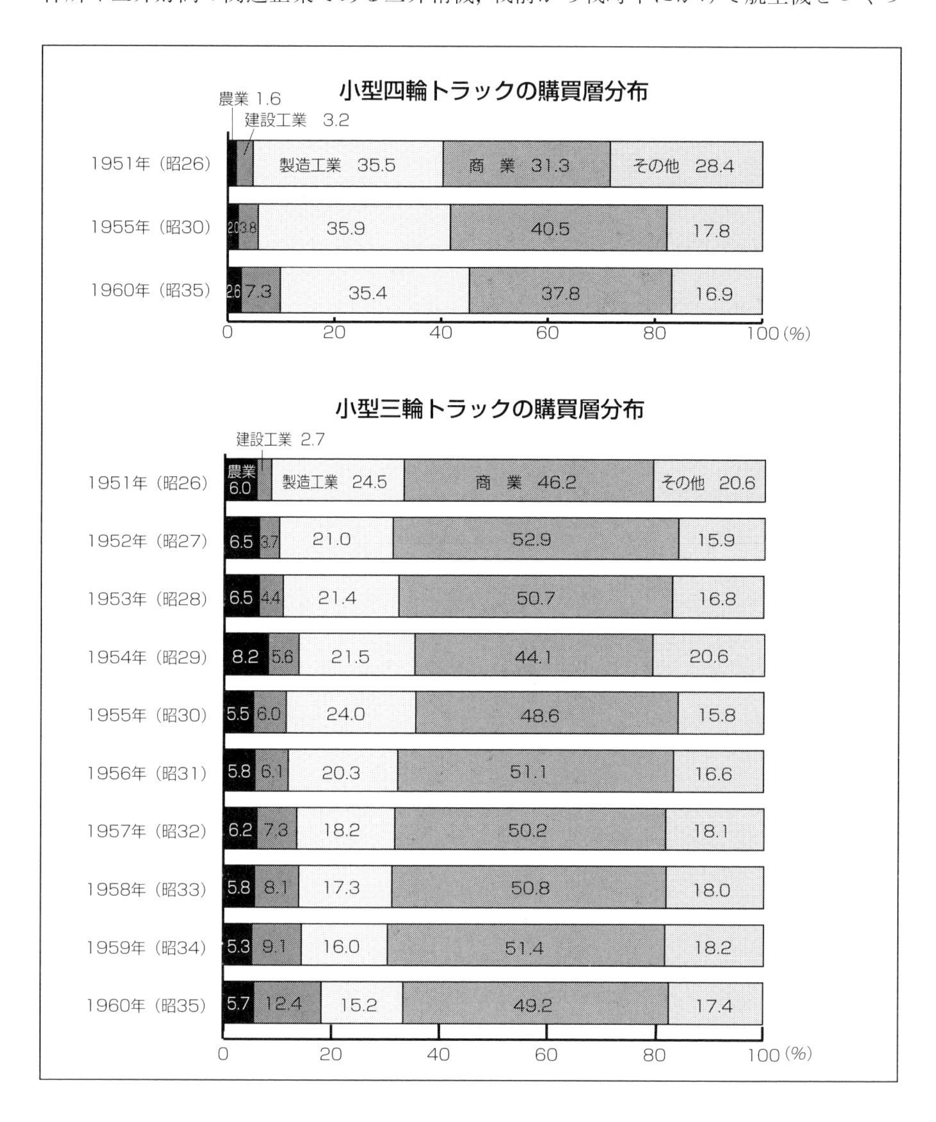

ていた愛知機械や川西航空機から変身した明和興業など，いずれも技術的な蓄積のあるところで，参入するメーカー数は限られることになった。10ページの表で見るように，戦前からのメーカーである発動機製造（ダイハツ），東洋工業（マツダ），日本内燃機製造（くろがね）以外に一定の生産台数を確保したのは5社を数えるのみであった。このほかに車両メーカーとして実績のある汽車製造や鋼材メーカーである不二越，さらにはオートバイメーカーであった陸王がオート三輪車を開発して販売しているが，わずかな台数に留まっており，いずれも，安定期に入る1950年以前に撤退している。したがって，オート三輪車メーカーとしては，戦前からの3社に戦後の5社を加えた8大メーカーということになる。

1950年代までは，自動車メーカーとしては主役である小型車部門のトヨタやニッサンなどより，オートバイやオート三輪メーカーのほうが元気があったくらいである。1952年にオート三輪車の年間生産台数は5万台となり，月間4000台をコンスタントに維持した。当時の小型乗用車は年間4700台といったところで，オート三輪車の10分の1というていたらくであった。このころのトヨタやニッサンは，1950年に勃発した朝鮮戦争による特需で経営危機を脱したばかりで，トラックと共通のシャシーフレームに乗用車のボディを載せたものなどトラックの生産に寄りかかった乗用車を生産，販売していた。乗用車を所有する階層が少ないこともあったが，生産設備にしても量産体制を確立するために苦慮しているところだった。

それでも国産乗用車が細々と生産することができたのは，政府による国産車の保護政策が打ち出されていたからだ。輸入車には大幅な関税がかけられているだけでなく，許可なく輸入することはできない状況で，タクシー会社などによる外国車の輸入の要望も抑えられていた。車両価格が高い上に，技術的にも劣っている国産乗用車は，海外のクルマが入ってこないことで，かろうじて販売できるのが実状だった。トヨタやニッサンは，戦前から自動車事業振興法などによる許可会社になっていた関係もあり，通産省との結びつきも強かった。

そうした意味では，戦前から民間の需要に支えられて発展してきたオート三輪車は，ユーザーの要求に応えるものをつくることで発展してきていたので，政府による保護育成もないものだった。この時代の乗用車がタクシーなどの営業用や法人需要が大半だったのとは大きな違いである。

もう一つの分野である大型バス・トラックはいすゞや日野自動車，三菱，日産ディーゼルの4社でシェアを分け合っており，この時代にあってはもっとも安定した経営をしていた。その余裕でいすゞと日野は，海外のメーカーと提携して乗用車部門に進出して総合メーカーになる意欲をみせたのである。

1952年3月の段階で，オート三輪車の保有台数は12万台ほどであったが，その多くは商店や個人経営かそれに近い製造業などの所有であった。85%近くが自家用で，運送業などの営業目的に使用されているのは，わずかな数にすぎなかった。しかも，1950

ユーザーの幅広い要望に応えるために，荷台寸法やホイールベースが異なるバリエーションを揃えていた。これはダイハツSR型及びSSR型。

年からの販売も，新規に購入する率が高く，買い換えはわずか16%近くにすぎず，新しい需要が活発であった。

2. オート三輪車の経済性と技術的進展

戦後のオート三輪車の需要が活発だったのは，四輪トラックに比較すると，車両価格は半分以下で，メンテナンスにかかる手間も少なく，経済的にすぐれていたからである。タイヤがひとつ少ないといったこと以上にコストを下げる努力がされており，その点では徹底したものであった。

エンジンにしても，四輪トラックは1000ccクラスでも水冷直列4気筒が普通であった。一方のオート三輪車は，戦前の小型車の上限であった750ccでスタートしたが，このクラスでも単気筒エンジンが多く，1000ccエンジンが登場してからもせいぜい2気筒のものがある程度だった。オート三輪車のエンジンは構造がシンプルでメンテナンスが楽な空冷エンジンが多かった。小型車の分野ではエンジンのパワーがあることが重視されたが，オート三輪車の場合は重い荷物を運ぶという実用性と，そのための燃料費が安くすむことが優先された。エンジンの圧縮比は小型車用に比較して低めの設定になっていて，最高出力も抑えられていた。性能がよいことをアピールするより，壊れないことの方が重要だったのだ。

オート三輪車は燃費もよい上に荷物の積載量も，四輪トラックにひけをとらず，荷台もロングボディのものが用意されていた。ユーザーは決められた積載量以上に積むのは当たり前と考えている人が大半であった。

さらに，小回りが利くという点では断然有利で，狭い道に入っていくのも得意だった。のちに四輪車と同じような丸ハンドル車も見られるようになったものの，オートバイと同じようなバーハンドルの時代が長く，ステアリング機構にしてもきわめてシンプルであった。同様にキャビンも辛うじて屋根がつけられているものがあるものの，サイドのドアなどないのが普通で，横殴りの雨に遭えば，合羽を着ていても濡れ鼠になってしまうものだった。晴れていても未舗装の道路では，舞い上がったほこりが容赦なく侵入し，冬になれば，冷たい風にさらされてふるえながらの運転であった。

フロントが1輪だから舵を切っただけ曲がってくれ，四輪に比較すると回転半径がはるかに小さかった。そのかわり，舵は重く力を必要とし，貧弱なシートで，エンジンや路面からの振動が伝わって，快適性という点では四輪車にはるかに劣っていた。助手席にしても，わずかな空間に設けられた小さいシートに座らされて，ゆったりとした背もたれがあるわけではなく，振り落とされないように手すりなどにしっかりとつかまっていなくてはならなかった。

運転手も助手も，当然のことながら疲労するから，長距離の移動は困難であった。なまじ風防をつけると，雨や風を避けるには役に立ったが，騒音がこもって会話も満足にできる状態ではなく，ましてラジオを聴くという贅沢なことは思いも寄らなかった。

少しずつではあるがオート三輪車も，エンジンの振動が伝わらないように，マウントの方法に工夫が凝らされたり，サスペンションも改良されて次第に乗り心地も改善されるようになったが，実用性を重視したクルマとしての役割があり，ランニングコストがかからないことが優先された。その意味では，他のジャンルのクルマのように技術的に海外のクルマを手本にして開発するといったものとは異なり，メーカーがそれぞれ独自に技術追求をしてつくっていくもので，日本独特のジャンルのクルマとしての発展を遂げることになった。

3. 需要の増加と大型化の進行

経済性を優先することを第一義とすることで，オート三輪メーカーはどこもしっかりとしたコスト意識をもつようになり，知恵を絞って新型の開発にとりくんだ。そのために，快適性の追求や豪華にするような方向にはなかなかいかなかった。

戦後，エンジンの排気量が750ccでスタートしたのは，戦前の小型車の規格が750ccに制限されていたからだった。戦前の小型車は750cc以下で車両サイズも制限があったが，そのために無免許で乗れるなどの特典があった。

戦前からの自動車取締令の一部が改定されたのは1947年（昭和22年）3月のことで，これによりオート三輪車は4サイクルではエンジン排気量1000ccまでに引き上げられた。無免許で乗れるという特典はなくなったが，免許年齢は16歳以上となり，その後

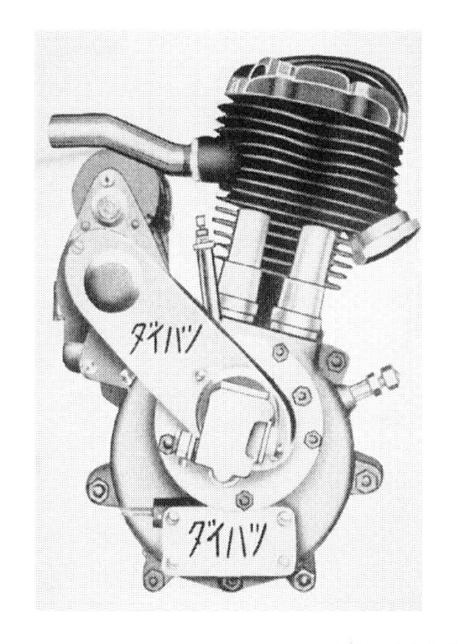

上は戦前につくられたダイハツの空冷単気筒エンジン。上右はマツダのOHVのV型２気筒エンジン。下は小型四輪トラックにも搭載されたマツダの水冷直列4気筒エンジン。

の小型車の18歳以上に比較すると有利だった。

さらに，現在の車両規定につながる小型車の規定が新しくなって，エンジン排気量は1500cc以下（その後2000ccに引き上げられて現在に至っている）になって，オート三輪車もこれに準じることになった。自動車税などが，この上の普通車とは大きく差がつき，日本の乗用車は小型車が主流となる。

これによって，オート三輪車のエンジン排気量も拡大の方向に向かった。同時に荷物もたくさん積めることがユーザーの切実な要求だったから，荷台も大きくなり，積載量も1000kgから，さらには1500kg，2000kgと小型四輪車よりも多く積めるものまで出現するようになっていく。

需要が増すとともに競争が激しくなり，メーカー間で性能向上が図られるようになっていく。実際には，大きく需要が拡大する1950年代に入ってからは，オート三輪車も性能が向上した新型車が次々と登場するようになる。

さらに，1950年代後半になって競争はオート三輪車の内部だけにとどまらず，小型四輪トラックとも競争するようになると，オート三輪車の高級化は進み，ついには直列4気筒エンジンまで搭載されるようになり，オート三輪車のもっていた特徴が逆に失われる方向になった。

エンジンも当初はオートバイと同様の外にむき出しのまま搭載され，泥やほこりがかかるのは当然と見られていたが，次第に格納されるようになり，それにつれて自然空冷のものから，ファンを回して風を送るようにした強制的に冷却するものが多くなってきた。

エンジンの排気量が大きくなるにつれて2気筒のものも登場するようになり，パワーも次第にアップしていった。バルブ機構も，旧式のサイドバルブ式から一歩進んだオーバーヘッドバルブ式がふえた。エンジン排気量はその後は2000ccのものまで出現してオート三輪車のバリエーションも増え，車両価格も安いものは30万円からで，大型になると50万円を超えるものまであった。

それでも，小型四輪トラックよりはるかに廉価であった。1000ccエンジンの四輪トラックは生産台数も多くなく，1950年代の前半にあってはまだ車両価格を引き下げるようにはなっていなかった。

世の中が落ち着いてくるにつれて，身近にあるもので間に合わせる状態から，よりよいものを吟味して購入するというようにユーザーの姿勢に変化が見られ，性能や信

戦前からずっとヘッドライトは中央に一つあるのがふつうだったが，1950年代の半ば頃から二つ目（右）のものが登場するようになり，たちまち一つ目ライト（左）は姿を消していった。写真は2台ともにダイハツ車。

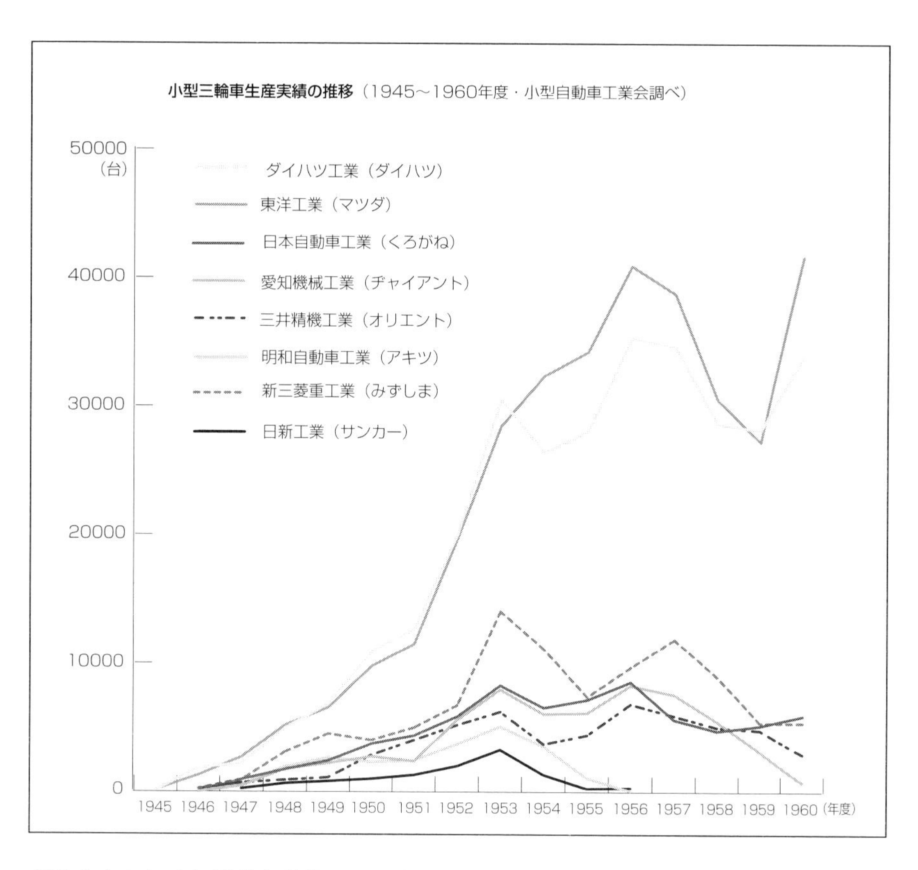

頼性を向上させた新型を登場させる必要があった。新型の開発には費用だけでなく，技術力も要求され，オート三輪車メーカーの実力の差が，それまで以上に問われることになった。率先して新型車を登場させ，オート三輪車の世界をリードしていくマツダやダイハツが，ますます販売を伸ばしていった。企業間の格差が，それまで以上に大きくなり，さらに差がつくようになってくる。

日本経済も好調になり，人々も豊かさを求めるようになるとオート三輪車も少しずつ高級化の方向に進むようになった。メーカー間の競争は激しかったから，一度そちらの方向に行くと競って高級化に向かった。

顕著な変化は，丸ハンドルの採用と四輪車同様のキャビンの出現である。シートは運転手や助手がゆったりできるようなベンチシートになり，キャビン内は丸ハンドルになると四輪トラックと区別が付かないくらいだった。前3人乗りのものも現れた。室内は外部と完全に遮断されるようになり，寒風にさらされることも，ほこりや雨の侵入に悩まされることもなくなった。

しかし，サイドのドアを設置し，室内のシール性を高めること，さらに丸ハンドルにしてステアリング機構を複雑にすること，さらにエンジン性能の向上などは，当然コストアップにつながった。

丸ハンドルになっていったのは，高級化という時代の要求だけでなく，積載量を増やしていくことによって，前輪にかかる荷重も大きくなっていったために，バーハンドルでは舵を切るのに大変な力がいるようになったからでもある。バーハンドル車ではカーブで曲がるのにしっかりとハンドルをにぎって力をかけるが，曲がりきった後に舵を戻すのにも同様に力が要ったから，うまく戻せないと危険であった。

時代の要求として車両の高級化は必然的な進化の方向であるという認識だったが，実はそれが実用性を追求して普及してきたオート三輪車の命取りにつながることでもあった。

大きかった四輪トラックとの価格差が次第に縮まってきており，オート三輪車の特徴が失われた。外部と遮断した独立キャビンでは，しっかりとシールしないと，すきま風が入ったりしてかえって寒さを感じさせるもので，こうなると製造過程における精度の高さが求められた。きめ細かく対応できる技術力と，それを支える資本力が必要であった。一方でコスト削減の要求も厳しくなるばかりであったから，量産体制を敷いてコスト管理がしっかりできる企業になっていることが生き残る条件となった。経営能力や販売力，技術力や資本力などの企業間の差が，その後の展開に直接影響するようになった。

バーハンドルから四輪と同じ丸ハンドルになり，オート三輪車の居住性は向上していった。
左がダイハツ車，右がマツダ車の例。

4. 販売台数の推移とメーカーの盛衰

戦後すぐの段階では，各メーカーともなによりも資材の確保や電力事情の悪化のなかで生産することだけのためにも悪戦苦闘しなくてはならなかった。戦後の数年間は，あらゆるものが不足しており，各種の製品はつくれば売れる時代だった。

戦前からのオート三輪車メーカーであるダイハツやマツダは，資材の確保の点についても有利であり，新型モデルの開発にも早くから手をつけることができ，戦後も業界のリーダーとしての地位を最初から確保した。その後も常に先頭を切って新型車を投入したり，新技術を採用したりしている。加えて，販売が上昇するにつれて適切な設備投資をすることによって量産効果を上げ，さらに他のメーカーとの差を大きくするようになった。

その点，戦前からのメーカーでもあった日本内燃機・くろがねはオート三輪車メーカーだけでなく，占領軍のジープの修理再生の仕事やモーターサイクル用エンジンの開発などにも手をひろげていた。その割に企業としての規模が大きくなかったから，ダイハツやマツダのようにオート三輪車に集中して効果的な施策をしていくことができずに，戦後に参入したメーカーにも販売台数で追い越されることになった。

輸送機関の不足で，積載オーバーで使用されるのが日常茶飯であったから，エンジン排気量の大型化と積載量とスペースの増大はユーザーの一貫した強い要望だった。

これにいち早く応える努力をしたのは，マツダとダイハツだった。1949年（昭和24

マツダの最初の丸ハンドル独立キャビンとなったオート三輪車。

1950年代の中盤近くなってからは小型四輪トラックに対抗してオート三輪車の高級化がさらに進行した。写真はダイハツの丸ハンドル独立キャビン車。

年）になると，戦後の混乱からの立ち直りが見られるようになったものの，ドッジラインによる金融の厳しい引き締めで不景気が訪れた。

これによって，つくれば売れる時代は終わり，ユーザーの要求に応える車両をつくることができるメーカーでなくては生き残れなくなった。しかし，オート三輪車は経済性を優先したものであったから，小型四輪トラックに比較すれば売れ行きの落ち込みは少なかった。

1950年（昭和25年）6月に勃発した朝鮮戦争による特需で，日本経済はそれまでの不況が嘘のように立ち直りを見せた。オート三輪車メーカー自身は特需による恩恵を直接受けることはなかったが，活発となった経済活動に助けられて大幅に販売を増やすことができた。ちょうどオート三輪車の大型化の要望に応えるモデルが次々と登場する時期と重なり，需要はさらに高まった。前年に比較して1万台以上の増産で，50年の生産は3万5000台を超えた。

戦後の混乱期は物価の統制が実施されており，オート三輪車も公定価格になっていた。この時代はインフレーションが進行しており，公定価格も頻繁に引き上げられたが，各メーカーが自由に価格を設定することはできなかった。

公定価格が撤廃されるのは1949年（昭和24年）11月のことで，これ以降はメーカーの自由競争になって，売れるものをつくることが重要になった。そのため販売に力を入れるメーカーとそれほどでもないメーカーとの間でますます格差が大きくなっていく。ちなみに公定価格では，1947年の初めは1万6500円であり，48年の後半は12万9000円だった。その後，公定価格が撤廃された直後の1950年ごろの車両価格は20万円を超えたあたりであった。

高級化の進んだオート三輪車の独立したキャビンは，小型四輪車と遜色ないものになった。
写真は定員３名のダイハツ車のもの。

オート三輪車は1950年代の後半になるまで成長を続けた。朝鮮戦争による特需が一段落したところで，景気の後退があって，さすがのオート三輪車の伸びもにぶったものの，1953年になると再び上昇に転じ，1954年には年間の生産台数は10万台を超えるまでになった。

オート三輪の世界では二大勢力となっていたダイハツとマツダは，それぞれ年間3万台を悠々と超える生産台数となり，トヨタとニッサンという日本を代表する自動車メーカーを生産台数では凌駕していた。

1953年（昭和28年）にはダイハツが戦前からのオート三輪車の生産累計で10万台を突破したのも，画期的なことであった。

ところが，翌1954年になると，一転して不景気になりオート三輪車の販売も前年を下回ることになった。力道山の出現でプロレスが空前の人気となり，街頭のテレビに群衆が見入った時代であるが，1954年に生産台数を増やしたのは東洋工業のみで，そのほかのメーカーは大きく前年割れとなった。

戦後はずっと生産台数を増やし続けていたから，初めての減産で，たちまちのうちに経営が行き詰まるメーカーが出てきた。

落ち込みのひどかった三井精機・オリエント，明和自動車工業・アキツ，日新工業・サンカーは，資金繰りが付かなくなり，倒産寸前に追い込まれた。販売の低迷に加えて，オート三輪車の売掛金の回収が困難になったためで，企業間の格差が不況により明瞭になったと見ることができる。

翌1955年には若干改善されたものの，今度は小型四輪トラックの攻勢にあい，オート三輪車の伸張は従来のように望める状況ではなくなってきた。

5. 四輪トラックとの競合時代に突入

オート三輪車が高級化路線を進むことになって，それまでは意識しなかった小型四輪トラックと競合することになり，ライバルとして意識せざるを得なくなってきた。その背景には，オート三輪車の市場をねらった四輪トラックがトヨタによって開発されたことがあった。それまではまったく異なったジャンルのクルマとしてユーザー層も違っていたが，トヨタではオート三輪車の販売の勢いに注目し，それらのユーザーをトヨタの四輪トラックに吸収することができないかと考えた。オート三輪車のユーザーをひきつけるためには，小型四輪トラックの車両価格を安くすることが第一だった。そのためには，従来のやり方とは異なって，コスト削減を最優先した車両開発をする必要があった。

もう一つはトラックの重要な条件である荷台の大きさの問題もあった。小型四輪車は，車両規則によって全長が決められているので，エンジンルームがあり，キャビンがあるボンネットタイプでは，荷台に振り向けられるスペースが著しく制約される。ところが，オート三輪車はその制限がなかったから，ロングボディも用意することが可能で，価格が安いにも関わらず，荷台の広いものが用意されていた。しかも，当時の免許制度では，小型車は18歳以上にならなければ取得できなかったが，軽自動車とオート三輪車，さらに50ccのバイクは16歳になれば免許を取得できた。現在のように誰でもが高校や大学にいく時代ではなく，中学を卒業すればすぐに働く人たちが多かったから，こうした点でもオート三輪車は有利であった。

トヨタでは，オート三輪車の買い換え周期が，およそ5年前後であることをつかみ，需要が急速に伸びた1950年頃のユーザーが買い換え時期を迎える1955年を目標にし

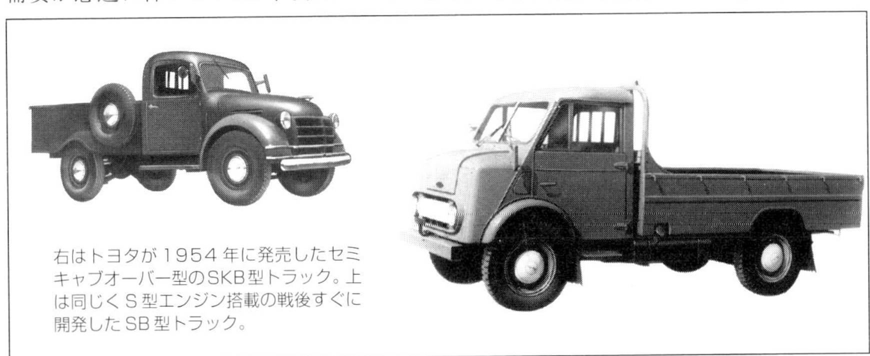

右はトヨタが1954年に発売したセミキャブオーバー型のSKB型トラック。上は同じくS型エンジン搭載の戦後すぐに開発したSB型トラック。

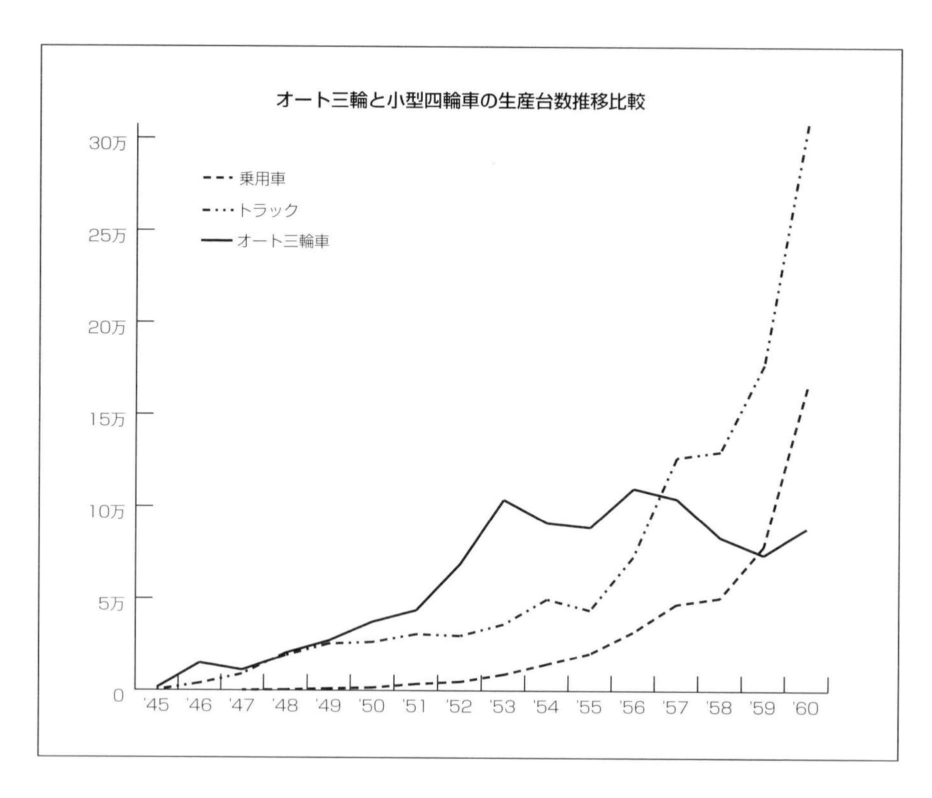

て，その前年にオート三輪車ユーザーを引き寄せる小型四輪トラックを発売する計画で開発に着手した。

できるだけコストを抑えるために既製の部品を多く流用することにし，エンジンもサイドバルブ方式の旧型となった1000ccのトヨタS型を搭載し，フレームも従来から使用している小型車のものを流用することで計画が進められた。

このSKB型といわれたトヨタの小型トラックの最大の特徴は，キャブオーバータイプにしたことだった。小型車では初めてのことで，エンジンのうえにキャビンを配置することによって，荷台のスペースを広くすることに成功した。

景気が上向きつつあった時代だったから，トラックでも乗用車のようにモールをつけたり，メッキを施したりして装飾的なボディになっていたが，この場合はそうしたコストのかかることはせずに，もっぱら原価を下げて車両価格を安くすることを心がけたのだ。それでも，エンジンは旧型とはいえ水冷直列4気筒で，サスペンションにしても前後ともリーフスプリングにショックアブソーバーを組み合わせた本格的なものであり，快適性や信頼性についても，トヨタの技術力を駆使したもので，内容はオート三輪車とは違っていた。

1950年に経営危機に陥って，あわや倒産寸前まで追い込まれたトヨタは，朝鮮戦争による特需で一気に経営状況を好転させて，新しい設備を整え，将来のための新型車の開発をしていた。将来に対しては希望を持てる状況になってはいたものの，余裕があるとはいえず，このSKB型トラックも利益をしっかりと見込んだ車両価格を設定した。計画の段階よりも原価がかかったために，東京店頭渡しでは62万5000円となり，オート三輪車より10万円以上も高かった。トヨタの従来からのボンネットタイプの小型四輪トラックに比較すれば安い価格であったが，オート三輪車のユーザーにとっての魅力はそれほどではなかった。

運転する方にしてみれば，多少価格が高くなっても，運転がしやすくて快適性にまさる小型トラックの方がいいに決まっているが，中小零細企業では，経費がかからないことが重要だったし，小回りが利くというオート三輪車の利点があった。

事態が動いたのは，トヨタが大幅に車両価格を下げるという攻勢に出たことによった。商売人をもって任じるトヨタ自工の石田退三社長と販売の神様といわれたトヨタ自販の神谷正太郎社長によるトップ会談で，このトラックの販売を大幅に増やすために政策的な車両価格を設定する方針を打ち出したのだ。初めのうちは利益幅が小さくなるにしても，量産することで将来的な利益を出そうという考えである。

トヨタ自販の方でもトラックの販売を増やすために，それまでの販売網のほかに新しい販売チャンネルをつくることになった。有名な神谷社長の「一升のマスには一升しか入らないが，チャンネルを増やすことで2升入るようになる」という発言はこのときのことだ。それまであったトヨタの販売店は同じトヨタ車を売る店がほかにできることに抵抗があったが，神谷社長が説得して販売店はそれまでのトヨタ店に加えてトヨペット店が全国的に設置された。このときに，キャブオーバー型の1000ccトラックは，トヨエースと命名された。このときの車両価格は7万円引き下げられ，50万円台になった。その後半年に一度の割で価格は引き下げられ，1957年2月にはついに46万円と，オート三輪車と同等の価格になった。

こうなると，オート三輪車の優位性は小さくなった。トヨエースの売れ行きは大いに伸び，オート三輪車を食うことになった。1957年のトヨタの販売台数の内，トヨエースは3分の1を占めるまでになった。

トヨタばかりでなく，ニッサンでも同じようなキャブオーバータイプの小型四輪トラックのニッサンキャブオールを発売し，この分野は新しい需要をひろげ，プリンスでも車両価格は高かったが，耐久性のあるトラックのクリッパーを発売し，小型四輪トラックの種類も豊富になり，トラックの主役は三輪から四輪に移行する気配が明瞭となった。三輪車でなくては入り込めないような道路を走ったりと，その利点を生かしたユーザーは別にすれば，オート三輪に固執する理由はなくなってきたのだ。

1950年代の後半になって，時代は大きく動こうとしていた。貧しさの中の耐乏生活から，豊かで快適な生活が夢ではなく現実のものになろうとしていたのだ。

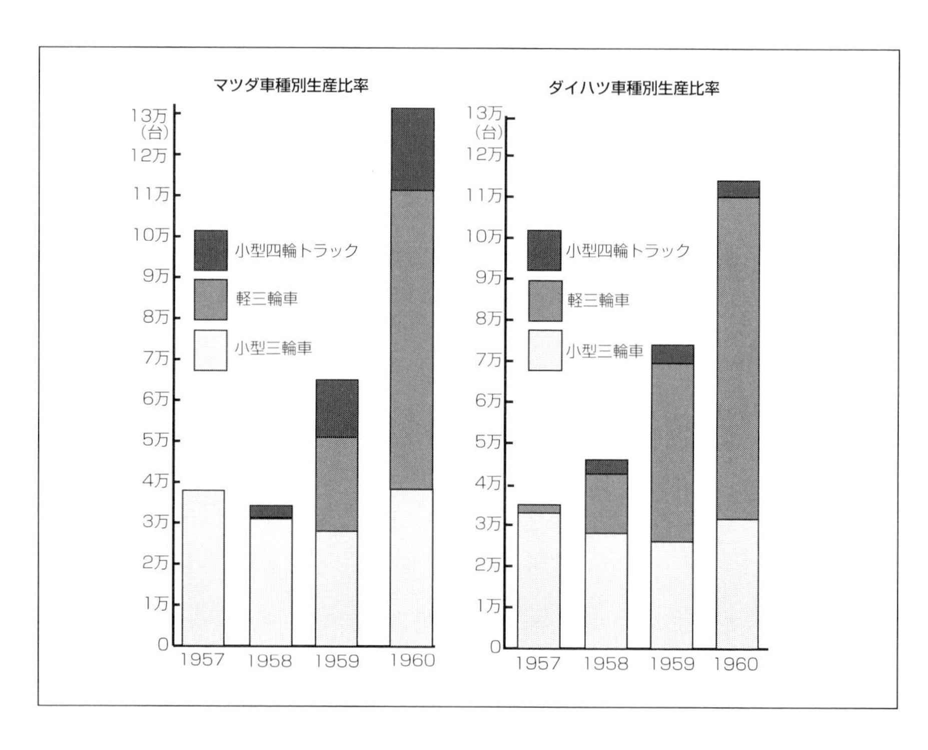

6. オート三輪車のさらなる高級化と軽三輪車の台頭

よく知られているように，1955年にトヨタは国産技術による乗用車専用のフレームをもった小型車の上限に位置するクラウンを発売，同様にニッサンも同じ時期にダットサンのモデルチェンジをして，乗用車を中心とした自動車メーカーに変身しようとしていた。どちらも販売が好調で，量産体制を確立するための設備投資も活発であった。その勢いで，オート三輪車の分野を浸食してきたのだ。ちょうどテレビや洗濯機が普及し始める時期であり，クルマに対する意識にもそれまでとは違いが見られるようになってきていた。

こうした状況の中で，オート三輪車メーカーは，四輪トラックと同じような高級感のあるものにしようと，懸命に高級化が図られた。1960年9月に小型自動車の排気量が1500ccから2000cc以下に引き上げられると，ダイハツやマツダは排気量の大きいエンジンを開発してオート三輪車に搭載した。シンプルでトルクがあることを優先していたオート三輪車のエンジンにも直列4気筒で2リッター近いものが出現して馬力競争をするようになった。メーカーもオート三輪車をベースにした各種の特装車に力を入れて開発するようになり，その方面での需要の拡大を図った。

一方では新しいジャンルのクルマの開発に目を向け始めていた。四輪部門への進出と軽自動車の開発である。ダイハツは，軽自動車のカテゴリーにはいる三輪トラックであるミゼットを1953年に発売した。

オート三輪車が排気量が大きくなり，クルマ自体も大きくなっていたから，小さくて扱いやすく，手頃で身近に感じられる軽三輪は，初期のオート三輪車を求めた人たちの要望に添ったものであり，それまでは自転車で配達や輸送をしていた個人商店などで使用されるのに適したものであった。

ミゼットは空前のヒット車となり，マツダも同様にK360を発売，軽三輪トラックは新しい需要を喚起し，三輪車の中心はたちまちのうちに軽自動車になった。

オート三輪車は技術的な追求や高級感を出そうとしたことによって，本来持っている利点を失うことになり，小型四輪トラックに対する優位性をなくした。コストや経済性という有利な部分を失ってまで生き残ることはできないのは当然であった。また，いくらコストの安さを強調しても，人々が求めるものが，ガマンしても安くすむことでなくなってくれば，そっぽを向かれるものである。

1950年代の終わり頃からのオート三輪車の需要の落ち込みは，大きくなるばかりだった。オート三輪車が必要なユーザーなど，ごく一部をつなぎ止めることで精一杯であった。トヨエースに代表される廉価な小型四輪トラックと，利便性にすぐれた軽三輪トラックの間にはさまれて，オート三輪車は次第に影の薄い存在になった。

大きな荷物も積めるワンボックスタイプの軽四輪トラックも出現してきて，オート三輪車がなくても困ることはなくなっていた。

同時に，このことがメーカーのその後の命運を分けることになった。オート三輪車のトップメーカーであったダイハツとマツダは四輪部門に進出することになり，トヨタやニッサンのライバルになった。オート三輪メーカーと小型四輪メーカーとが，それぞれの分野で違ったクルマをつくっていた時代は過去のことになり，オート三輪というジャンルのクルマが姿を消すことによって，住み分けられていたメーカーが，同じ土俵で勝負せざるを得なくなったのだ。

一方で，オート三輪からの撤退によって，その後は自動車部門からも手を引かざるを得ないメーカーもあった。自動車メーカーは，競争が激しく，資本力や技術力，販

軽三輪トラックのマツダK360とともに発売された小型三輪のマツダT600は狭い道でも走ることができ，小口の輸送には非常に便利で，新しい需要を喚起した。

売力などでしっかりと基盤をもっていなくては生き残ることはできなかった。オート三輪車メーカーの中で，それだけの実力があったのは，ダイハツとマツダだけで，そのほかには三菱がグループ全体の力を結集することで生き残りが可能になっただけだった。

ダイハツやマツダでは一部のオート三輪車ユーザーのために1970年代の初めまで生産を続けたが，その後の経過は，両メーカーとも，決して平坦な道を歩んできたのでないことは明らかである。それは，両メーカーの実力というだけではなく，トヨタやニッサン，さらにはいすゞ，日野自動車や三菱といった戦前からの国家の政策に協力したメーカーが優遇される行政指導の影響も無視することはできない。

オート三輪車は政府の意向や希望にそって開発されたものでも，保護育成されて販売を伸ばしたものでもなかった。ユーザーが必要としたことによって生まれ，育っていったものだった。そのために，政府の自動車産業の保護育成にあたっては，常に蚊帳の外に置かれ，自力で困難を乗り切ることを強いられた。

マツダもダイハツも1960年代になって，オート三輪車メーカーから四輪メーカーへの転身に成功した。マツダは，独自性を出すためにロータリーエンジンの開発に心血を注ぐようになり，ダイハツは“寄らば大樹の陰”ということで，トヨタと提携する道を選択した。オート三輪車メーカーとしてはトップに君臨することができたが，伝統と企業規模を誇るトヨタやニッサンと競争するのはダイハツやマツダにとっては大変なことだった。オート三輪車メーカー時代は自分たちのペースで活動できたが，四輪メーカーとなってからは，トップメーカーを息せき切って追いかける立場にならざるを得なかったからだ。

常に業界をリードしたダイハツ

(発動機製造)

1．ダイハツの創業とオート三輪車への進出の経緯

オート三輪車が自動車の一つの分野として確立したのは，戦前にダイハツがメーカーとして参入したことにあるといっても過言ではない。戦前から戦後にかけてのダイハツはオート三輪車業界をリードし隆盛する元をつくった。次に述べるマツダとともにこの分野では傑出した存在であった。

日本の自動車メーカーの中で，もっとも歴史のあるのがダイハツで，1907年（明治40年）の創業である。最初は発動機製造という社名でスタート，ダイハツ工業になったのは1951年のことで，クルマの名前として通用していたものを社名としたが，大阪にある発動機としてダイハツ（大発）といわれていたことに端を発している。

発動機という言葉自体が今では古めかしい印象があるが，同社が創立された当時にあっては新しい時代の到来を告げる最新の機械であった。日本の近代化のために必要な各種の動力機関をつくることを目的にして設立された。資本金20万円，当時としても大きな企業として誕生している。

元から大阪は商工業の発達した地域で，進取の気性に富む人たちが多くいる土地柄で，東京とは違った活動的なところだった。明治維新以降，富国強兵が叫ばれていた

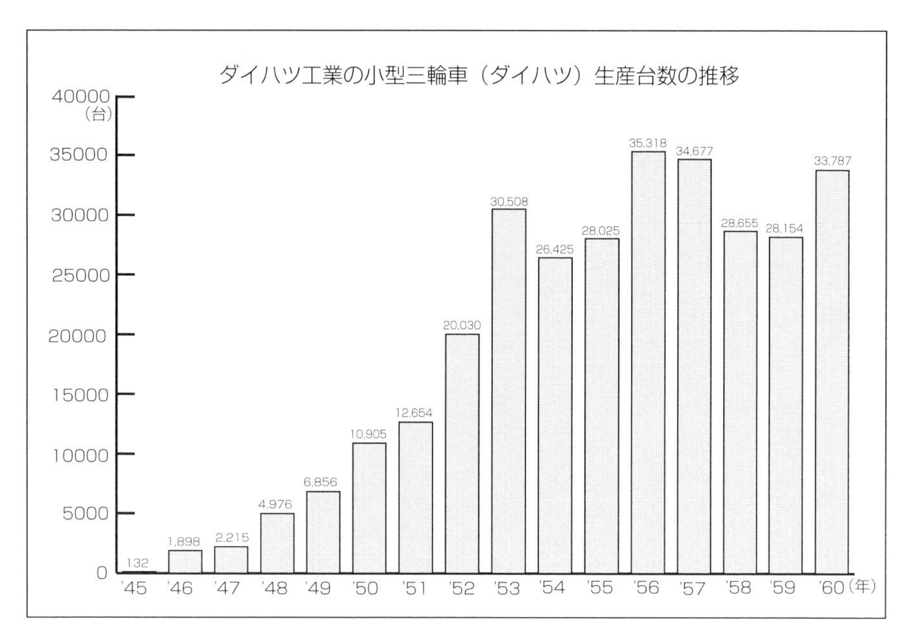

日本では，欧米の先進的な技術や工業を日本に根付かせることが重要であった。そうした技術の一翼をになおうという当時の学者や技術者が中心になって設立されたもので，企業の誕生の経緯からいって特殊な点をもっていた。

現在の大阪大学工学部の前身である大阪高等工業学校の安永義章校長と鶴見正四郎教授が内燃機関の国産化とその普及をめざして関西の財界人に呼びかけて会社設立にこぎ着けたものである。民間資本による会社として誕生したものの，その設立の趣旨からしても学術的・技術的な色彩の強い組織であった。

ふつうは利益を生むことを優先して事業を始めるものだが，この場合はどちらかというと日本の将来を考慮して使命感をもって設立されたことが，その後の同社の活動に大きな影響を与えている。事業家を中心にした経営でない企業が，その後もずっと生き残ってきたのは，技術的にすぐれたものを開発し，それを提供することができたからで，企業としてはトップダウン方式ではなく，合議制による運営がなされてきた。これがダイハツの大きな特徴である。

事業として，まず石油機関やガス機関の製造から始めている。当時，内燃機関の製造を目的とする企業はベンチャー企業であり，新しい時代に対応するものとして注目された。ニッサン自動車や日立製作所の前身ともいえる戸畑鋳物を長州出身の鮎川義介氏が興したのはこの3年後のことである。鋳物技術を日本に根付かせようとして，鋼管の継ぎ手などを鋳物で量産する工場を建てている。日露戦争のあとで，日本は世界列強の仲間入りをしようと懸命な時期で，日本の工業化を促す新しい事業が，このころに興っている。

ダイハツが自動車との関係をもったのは，日本の軍部が兵器の近代化を進める過程で，軍用トラックの開発を計画したことによる。ドイツで兵器や兵士の輸送のためのトラックを調達する方法として，平時は民間で使用しながら，いったん戦争になると徴用して軍が使用することを目的にして，指定したトラックに補助を出す方針を打ち出していたが，イギリスを初めとする各国がこれを採り入れた。日本でも同様の方向で検討が開始されたのである。

第一次世界大戦は，それまでの戦争の様子とは異なり，兵器としての航空機や自動車が重要な役割を果たした点で画期的なものだった。近代戦にはこうした新しい兵器が欠かせないことがわかってきたから，日本もことを急ぐ必要があった。航空機のような高度に技術的で大がかりなものは優秀な技術者をかかえる既成の財閥企業が興味

オート三輪車の主力工場として活躍した大阪の池田工場。

池田工場ができるまではこの大阪工場がオート三輪車を生産していた。

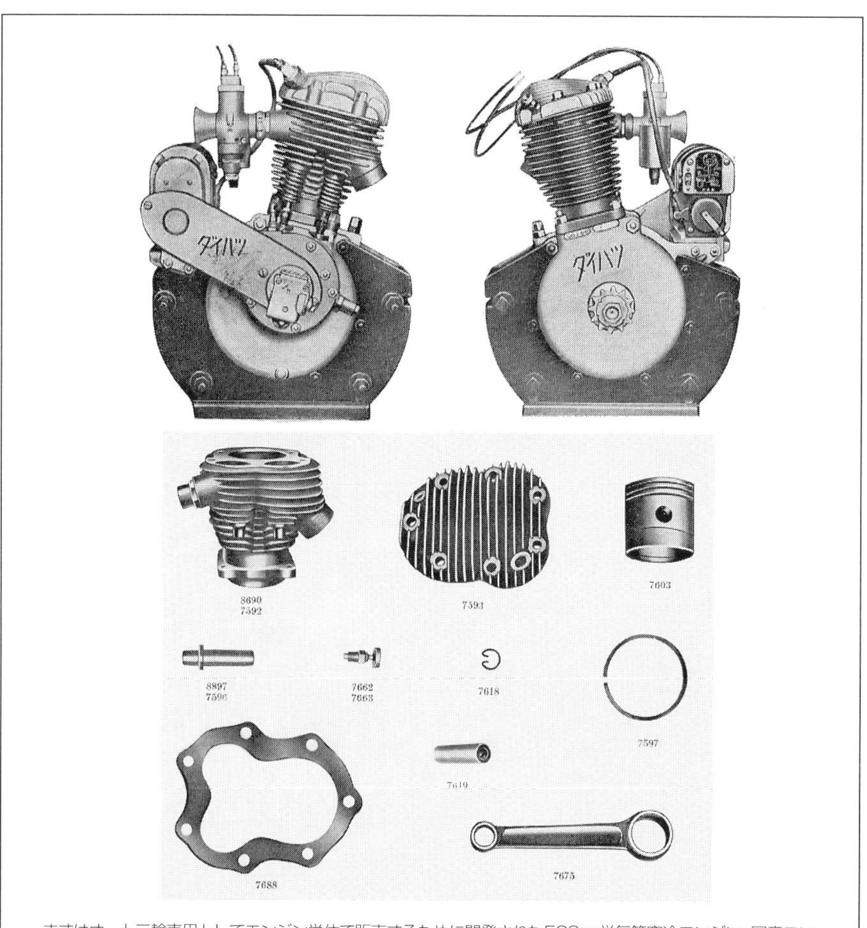

まずはオート三輪車用としてエンジン単体で販売するために開発された500cc単気筒空冷エンジン。国産エンジンとしては信頼性でもすぐれたもので，このエンジンの出現によって海外からのエンジンの輸入が減った。

を示し，海軍の技術将校だった中島知久平氏が中島飛行機を設立するなどの動きがあったが，自動車のほうはそれほどの規模のものではなかった。軍部が主導する形で開発することになり，ダイハツにもエンジン技術をもっていることでアプローチした。1918年（大正7年）のことである。

大阪砲兵工廠が中心となって，東京の瓦斯電気工業や神戸の川崎造船所などとともにダイハツが軍用トラックの試作の委託を受けたが，それだけ技術力を評価されていたことになる。このときは，試作だけでそれ以上の進展はなかったが，このときの開発が後に役立ったという。

ダイハツは優秀な技術者を意欲的に集め，技術的にすぐれた企業として活躍した。この頃の主な製品は，小型ディーゼル機関や鉄道車両用の制動装置，機関車用の給水ポンプ，重油発動機などであった。

昭和の初め，つまり1920年代に入った頃から日本経済の停滞によって，ダイハツの生産する鉄道用の機械類や各種の発動機の販売が伸び悩んできた。新しい分野を開拓することで，企業としての発展を期そうと目を付けたのがオート三輪車のエンジン製造だった。輸入エンジンが中心であったが，オートバイ用のエンジンの流用や，イギリスの小規模なエンジンメーカーのものが使用されていたから，ダイハツの技術をもってすれば，充分太刀打ちできる性能と信頼性のあるエンジンの開発は可能であると判断したのだ。

ダイハツ製の4サイクル空冷500cc単気筒エンジンが完成し，性能試験でも海外からのエンジンに負けないだけの自信がもてるものだった。早速，大阪のオート三輪車メーカーにエンジン単体の売り込みを図った。しかし，ダイハツの思いとは裏腹に，この国産エンジンに興味を示すところはなかった。国産エンジンを搭載したオート三輪車もあったが，エンジンだけを販売するのではなく，エンジンを含めたオート三輪車を販売しているものがわずかにある程度だった。

ダイハツ製エンジンは，案に相違してあまり反響が良くなかった。当時は，技術的にすぐれたものはすべて外国のものという舶来品に対する信仰のようなものがあって，ダイハツのほうで，いくら海外のエンジンに負けないものになっていると説明しても信じてもらえなかった。こんな事業から撤退しないと会社の存続すら危なくなると忠告されたり，ひどい場合は嘲笑されんばかりであったという。

それならと，ダイハツは開発したエンジンを使用してオート三輪車そのもののメーカーになる決心をしたのである。

2. 戦前のダイハツのオート三輪車

エンジンを完成させたのが1930年（昭和5年）の初めで，早くもこの年の12月にはダイハツの最初のオート三輪車であるHA型を完成させている。Hはこのときの社名である発動機製造の頭文字である。これは試作に終わり，ついで完成させたHB型は翌1931年3月に完成，販売に乗り出した。

最初は，オート三輪車メーカーとして実績のある日本エアブレーキ社と提携しての開発となった。このため，最初のうちは，ダイハツという車名でなく，日本エアブレーキ社のブランド名であるツバサ号として販売されている。神戸製鋼の傘下の企業である日本エアブレーキ社は，オート三輪車を開発したものの，社の首脳はその製造販売に消極的だったようだ。そのために発動機製造と提携したのである。

日本エアブレーキでオート三輪車の開発を担当したのは，トヨタ自動車を創業した

1930年(昭和5年)につくられたダイハツの最初のオート三輪車であるHA型。

豊田喜一郎氏と東京大学で同期だった伊藤省吾氏で，会社がクルマの開発に熱意を示さなくなったことに失望していた。クルマ好きであったからだが，1933年に豊田自動織機が自動車部を設立して本格的に四輪車の製造販売に乗り出すことになって，学友だった喜一郎氏に誘われてトヨタ入りしており，1937年のトヨタ自動車の設立に伴って取締役に就任している。

ダイハツ車がツバサ号と名乗ったのはわずか2年足らずのことであったが，人気のあるオート三輪車だったために，ツバサ号の名は多くの人に知られたものになった。しかし，ダイハツでつくるものとわずかに機構的な違いがあるとはいえ，同じようなクルマを異なる名前で販売するのは好ましくないと，この提携は1933年に打ち切られ，これ以降はダイハツ号という名前になっている。

それまでのオート三輪車メーカーと比較すれば，技術的にも企業規模からもダイハツは大きな会社であり，生産設備に関してもしっかりと整備されていた。オート三輪

市販された最初のものはツバサ号を名乗ったが，ダイハツでつくられたS型シリーズ。

ツバサ号を名乗る最後のオート三輪車はフレームも鋼板製となり，この後は日本エアブレーキ車で販売された。

1933年に発売された750ccのHT型から本来のダイハツ号となった。

車としての完成度は，後発メーカーではあっても，それまでのものとは違ってすぐれていた。結果としては，町工場に近い多くのメーカーが開拓し，需要を喚起してきたところに技術力にすぐれた大メーカーが乗り出してきたことになった。

それは，オート三輪車の改良技術でも現れていた。ダイハツで開発したHB型も，当時のオート三輪車の多くと同じようにホイールにエンジンからのパワーを伝達するのはチェーンによる方式を採用していた。オートバイと同じように，チェーンを使用して2輪ある後輪の片輪だけを駆動していた。

こうなると，駆動されていないホイールの方は勝手にまわってしまって，駆動輪と回転が合わなくなる。つまり，コーナーではタイヤがロックしてブレーキがかかったようになり，スムーズに進まないことがある。しかし，四輪車と違うのだから，そうしたことは我慢してなだめながら走らせるものだと，メーカー側もユーザー側も思っていた。しかも，このチェーンはむき出しになっていたから，泥や雨に当たって耐久性がなく，メンテナンスも面倒であった。

販売を始めてから，こうしたオート三輪車の欠点に注目したダイハツの技術者たちは，早速改良に乗り出した。

四輪車にある差動装置を取り付け，ドライブ方式もシャフトを用いるものにした。シャフトドライブ式にすると，それまでの単純なスプロケットだけでなく，エンジンのパワーの回転を90度変えるために傘歯車（ベベルギア）を用いないと成立しない。そのためには精度の高いギアを製造する。高価な専用の工作機械が必要であり，それに見合った均質な材料を用いなくてはならない。ダイハツのような精密な機械をつくった経験がないとできないことだった。

デファレンシャル装置のあるものにすることによって，オート三輪車はオートバイ

生産されたオート三輪車は工場の屋上にある小さいコースで走行テストが実施されて出荷された(1937年)。

を改良した程度のものから，四輪自動車に近い本格的な乗りものになったということができる。ダイハツの参入によって，オート三輪車が町工場が手作りで少量販売していた製品から，クルマとしての機能をまともに備えた工業製品になったといえる。

新技術を採用したダイハツHD型は，それまでのオート三輪車とはまったく違う乗りやすいものとなり，ダイハツの評価を高めた。後発のダイハツは，瞬く間にオート三輪車の分野でシェアをのばし，トップメーカーにのしあがった。

ダイハツのオート三輪車が軌道に乗った1933年8月に小型車の車両規定が改定され，排気量が500cc以下だったものが，750cc以下に引き上げられた。無免許で乗れることに変わりはなかったが，乗車定員も1人に限定されたものが4人まで認められるようになった。

これは，小型四輪車として発売されたニッサンのダットサンに有利な改定だったが，オート三輪車もこの改定の影響を受けるようになった。重い荷物を運ぶようになってきて，パワーのあるエンジンを搭載する要求が次第に強くなってきていたところだった。ダイハツではこの改訂以前から500ccエンジンを拡大した670ccエンジンのオート三輪車を発売していたが，新しい規則に合わせて新しく750ccエンジンを開発することになった。

ここで問題になったのは，エンジンを単気筒のままで行くか2気筒にするかであった。ダットサンは500ccで出発しながら水冷直列4気筒であったから，この改定に対応してエンジンのサイズアップを図っている。オート三輪車用エンジンはシンプルであることが求められたが，750ccという排気量で単気筒ではシリンダーが大きくなりすぎるという懸念があった。

とくに当時のエンジンはサイドバルブ式であったから，熱によるひずみが大きくなり，トラブルにつながる可能性があった。

しかし，オート三輪車はコストがかからないものにすることが重要であると，ダイハツは単気筒を選択した。このエンジンの信頼性も高く，ダイハツの人気が衰えることはなかった。逆に，これによってオート三輪車用エンジンのスタンダードを確立したといえる。

3. オート三輪車の隆盛と戦時体制の時代

ダイハツは500cc，670cc，750ccと3種類のエンジンを搭載したオート三輪車を販売，標準タイプは全長2780mm，全幅1200mm，全高1200mm，ホイールベース1850mm，トレッド1070mmという大きさで，荷物の積載量は500kgであった。売れ行きが好調なために，1934年には750ccエンジン車に全長3メートルで1トン積みという当時としては大型のオート三輪車をラインアップに加えた。

1930年（昭和5年）には，全国で300台程度だったオート三輪車の販売台数は，2年後には1千台の大台に達し，さらに伸びる勢いだった。ダイハツに続いてマツダが参入したことで，オート三輪車の世界は新しい段階に入り，需要は活発になってきた。

順調に売り上げを伸ばすダイハツでは，1936年（昭和11年）になって，工場設備の増設を図り，月産450台体制を敷いて販売の増加に対応した。つい数年前には，この数字は年間の販売台数だったから，強気の計画であると思われたが，実際にはこの程度の増産計画では，増大する需要を満たすことができない状態だった。

手堅くいくのがダイハツの姿勢であったが，オート三輪車を主体とした新しい工場を同じ大阪府の池田に建設することになった。しかし，戦前にあっては，この工場で自動車が生産されることはなかった。

販売の伸張に伴って，販売店の整備も進んだ。東日本の総販売店のダイハツ商会を初めとして1934年には国内販売店25店，海外販売店3店となり，販売店傘下の特約店は108店を数え，戦前の最盛期となった1937年（昭和12年）には国内販売店28店，海外5店，特約店は131店に増加した。海外では，その後樺太，満州、朝鮮，台湾，青島などの日本領土あるいは日本人が多く住む地域を中心に販売された。

こうした販売網の構築も販売が好調な上に，それを支える資本力，さらには企業としての信用のたまものであった。

ダイハツは，オート三輪車が中心になったものの，この時代には蒸気機関車用のストーカー装置や各種のポンプや注水器などを一手に引き受けており，この分野でも日本国内だけでなく，中国各地や満州，朝鮮から東南アジアの地域を走る機関車用の部品を供給していた。

戦前におけるダイハツのオート三輪車の生産台数のピークは1937年の5122台だった。これは，オート三輪車の全販売台数の3分の1を大きく超える台数だった。もちろん，トップの成績で2位のマツダの3021台を大きく上回っていた。

この年は日中戦争のあった年で，日本の戦時体制が強化される分岐点の年でもあっ

木炭使用の代燃オート三輪車。戦争によりガソリンの入手が困難となり，それに代わるものとしてアセチレンガス発生装置などを開発したが，オート三輪には使用されなかった。比較的手に入りやすい木炭を燃料とする1280ccV型2気筒エンジンを開発したが，試作だけに終わり，実際に発売されるまでには至らなかった。

た。ダイハツだけでなく，戦前にオーナーカーとして人気のあった722ccの小型乗用車のダットサンの販売のピークもこの年のことだった。民間の需要が盛んだったが，この年を境にして軍需品の生産が優先されるようになっていった。このため，ダイハツの増産計画は実行に移されないままとなった。翌1938年は4396台の生産となり，以後2000台を超える程度から，年々生産は減少して，終戦となる1945年（昭和20年）はわずかに193台となった。

生産台数が減少したのは，ガソリンの供給が厳しくなってきたこともさることながら，原材料の入手が困難になってきたためで，ユーザーから購入したいと言ってきても生産することができない状態になった。物資の統制が進み，民間の要求は後回しになったことが最大の原因だった。

太平洋戦争が始まると，さらに厳しくなり，商工省（国土交通省の前身）の斡旋によって，三輪自動車業界の統制が実施されて，オート三輪車を生産できるのはダイハツとマツダと日本内燃機の3社に限定された。そのほかの企業はオート三輪車をつくりたくても資材が供給されなくなり，転身を図る以外に方法がなかった。

その後，商工省の指導によって，不足している原材料を有効に使用するために，オート三輪車メーカーとして認められた3社の車種を統一し，部品も共通化を図ることになった。ダイハツは640ccエンジンをつくることになり，各社の技術者によって話し合いがもたれ，これにのっとって開発されたオート三輪車が1942年（昭和17年）秋に完成，戦時標準型として関係者の立ち会いの下に性能試験が実施された。紀伊半島をぐるりとまわる走行テストも終了し，信頼性のあるものになっていることが確かめられた。しかし，戦局の悪化とともに統制は厳しくなるばかりで，このオート三輪車が生産に移されることはなかった。

ダイハツの生産品の中で，オート三輪車の比率は戦時体制が強化されるにつれて少なくなり，軍需用の機械類が多くなった。ダイハツの得意とするディーゼルエンジンが，船艇用として製造されるなどした。

当然，オート三輪車に割り当てられるガソリンは極度に減少した。戦争目的のために使われることが優先されたため，商工省の要請により，ダイハツではガソリンに代わる燃料の研究を行った。まず，アセチレンガス発生装置について考案完成し，1942年6月に商工省の認可を得た。しかし，この装置は他に使い道があるとして，アセチレン発生装置製造業者でつくる統制下の団体に製造権を譲渡させられた。企業の成果や研究内容も，すべて軍部が支配する政府の管理下におかれて，まともな企業活動ができる時代ではなかった。

これに代わって，ダイハツでは木炭を燃料とするエンジンの開発に着手した。薪を燃やして発生したガスでエンジンを回すもので，1280cc，V型2気筒エンジンを設計し，試作したが，販売するには至らなかった。終戦の年となる1945年になると，空襲が激しくなり，ダイハツも大阪に留まることができなくなり，オート三輪車の生産部門は奈良県榛原郡の山中に疎開することになったが，生産設備などを運んでいる途中で終戦となった。

4. 戦後の再スタート

ダイハツは，1939年（昭和14年）に大阪の本社工場とは別に同じ大阪の郊外にある池田に工場を建設していた。この工場が焼け残ったので，疎開の途中のオート三輪の生産設備などをこちらに移送した。大阪の工場は焼夷弾を受けて大きな被害が出ていたのだ。終戦のときに30000人いた従業員は戦後の再出発に当たっては，10525人になっていたという。

1944年にダイハツはトヨタやニッサンに次いで軍需会社に指定されていたので，戦後は賠償の指定工場にされた。アメリカによる戦争の賠償が決まれば，それにのっとって工場を接収されることになるが，それまでの間は使用してもよいという決定だった。実際には賠償の対象にはならずに，この指定は数年後に解除されたものの，それまでは不安のなかで生産の再開に向けた努力をしなくてはならなかった。

民需転換にあたって，ダイハツは需要が見込めるオート三輪車の生産を最初から目指した。戦後の混乱の中で，輸送機関は極度に不足しており，自由に走り回ることのできるオート三輪車はつくれば確実に売れるものの一つだった。戦前の実績があり，

1949年(昭和24年)に発売された750kg積みのSSH型。

それまでは空冷単気筒だったが，ユーザーの要望に応えてV型2気筒1000ccエンジンを搭載した。

つくることは可能だったが，問題は原材料の確保だった。戦後しばらくの間は，ダイハツに限らずどこもその確保のために走り回らなくてはならなかった。

オート三輪車メーカーのなかで，マツダや日本内燃機とともにダイハツが生産の再開が早かったのは，戦争中もわずかではあったがつくっていたので，その延長で始めることができたからだった。

ダイハツが民需生産転換許可を得ることができたのは1946年（昭和21年）4月のこ

とで, これ以降, オート三輪車が主力商品として生産されるようになった。それに伴って, 池田工場の生産設備の充実が図られた。最初は, 670cと750ccの500kg積みのオート三輪車がつくられたが, 輸送機関の不足によって, 積載量を多くする要求が強く, 車体寸法とともに荷台は大きくされた。戦後に登場したダイハツのオート三輪車は標準タイプがSE型となり, 荷台の大きい大型車はSSE型と呼ばれた。

戦前のままの車両規定では現実にそぐわなくなっているとして, 1947年12月に小型車の規定が新しくなった。エンジン排気量は1500cc以下, 全長4300mm, 全幅1600mm, 全高2000mm以下と大幅に拡大された。この小型車の規定はその後改定されて排気量2000cc以下となり, 車両サイズも拡大されてその後も続いているものだ。同時に, 小型車の規定の拡大に伴って, 360cc以下の軽自動車の規定が設けられるようになり, これが後に自動車業界に大きな影響を及ぼすようになる。

この改定に伴って, 自動車メーカーは新しくエンジンを開発したり, 従来からのエ

新しいモデルの登場に合わせて生産設備を整えることができたのもダイハツの強みだった。写真上は2000トンプレス機。この大型プレスによってフレームなどがつくられた。下左は軽合金の鋳造工場で, 鋳物作業の合理化が進められた。下右は機械工場で, 各種のモデルに会わせた専用機が並んでいる。汎用性のある機械では応用が利くが量産効果を上げることがむずかしい。その点, 生産台数の多いダイハツでは専用機械を多くしてコスト削減が図られた。

ンジンを拡大したりして対応した。トヨタではサイドバルブのS型1000ccエンジンを，ニッサンでは戦前からの722ccエンジンを目一杯大きく850ccにしてダットサンに搭載した。

ダイハツでも，積載量の増大を望むユーザーの要望に応えるためにも，大きいエンジンのオート三輪車の開発に着手した。完成したのは，空冷4サイクル1000ccV型2気

SSH型からモデルチェンジされた大型車のSSR型。スタイルも洗練されてきており，塗装も赤外線乾燥炉で合成樹脂塗料を使用して見栄えもよくなった。フレームはチャンネル型の鋼板を用いて荷重に耐えられるようになっている。ウインドスクリーンは板ガラスを3枚組み合わせたもの。荷台は薄板の鋼板製で骨組みにはアングル材を使用し，後方開きとなっている。

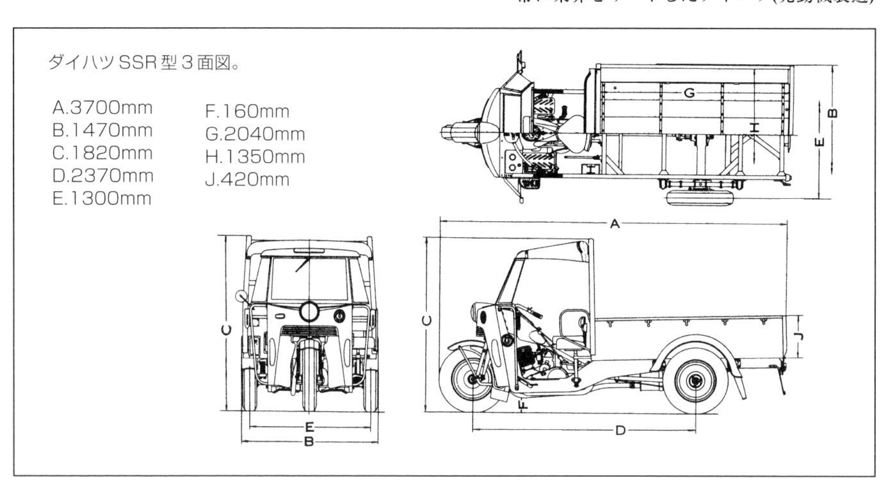

ダイハツSSR型３面図。

筒エンジンを搭載した750kgの積載量のSSH型で，1950年に発売された。この登場は画期的だった。エンジンが単気筒でなくなったことによって振動も緩和されるようになり，ブレーキもそれまでの機械式の単純なものからオイルを使用する方式のものになり，安定した制動力が得られるようになった。それまでブレーキ装置が改良されなかったのは，コストの問題もあったが，オート三輪車はスピードを上げて走るものではなく，走行距離も短いのが普通だったからだ。しかし，戦後になると，四輪トラックも品不足となり，長距離用にも用いられるようになっていたという事情もあった。それに伴って，オート三輪車に対する要望も大きくなり，メーカー側もそれに応える努力が続けられた。

5. その後の改良と発展

戦後の貧しい生活のなかで，オート三輪車は経済復興のために欠かせない輸送機関として活躍した。初めのうちは，荷物を積んで走ることができればそれでよかったが，時間がたつにつれて乗り心地や性能のよいものが求められるようになった。

この当時の改良として目立つものは，前輪の支持に油圧式のショックアブソーバーを装備したことである。それまではオートバイと同じく多くはテレスコピック式のサスペンションだったが，これによって前輪の走行が安定するようになった。1輪なので，フロントに荷重をかけすぎないようにする必要があったが，軽くしすぎると前が浮き気味になり，直進安定性に難があった。もちろん，この程度の改良で1輪のみの前輪のハンディキャップがなくなるわけではないが，四輪車に一歩近づいたことは確かだった。

もう一つの大きな変化は，ウインドシールドを初めとして運転手を保護するよう配

ダイハツSY型ではさらに大型化が進行し，荷台の長さは旧型の7尺(約2100mm)から8.25尺(2500mm)に拡大された。それに伴ってフレームの強化とトレッドの拡大も図られている。

慮されたことだ。前面にはガラスが入って運転手に風がストレートに当たるのが避けられるようになり，簡単なシート地による屋根も取り付けられた。サイドが開いていたから寒さを避けることはできず，風や雨も巻き込んできたものの，快適性という点では一歩前進した。

ほとんどのオート三輪車が始動方式はオートバイと同じキック式だったが，高級な仕様のものでは運転席に座ってから，キーを回すだけでエンジンが始動するセルモーター付きのものも登場した。キック式での始動では力やコツか必要で，始動するのに苦労することがあったのだ。

戦後は航空機メーカーだったところがこの分野に参入し，競争が激しくなってきた

大型車シリーズに搭載された90度V型2気筒エンジンはボア80mm，ストローク100mm1005ccで20馬力から出発してSY型では24馬力に引き上げられている。圧縮比は4.8とあまり高く設定されていない。

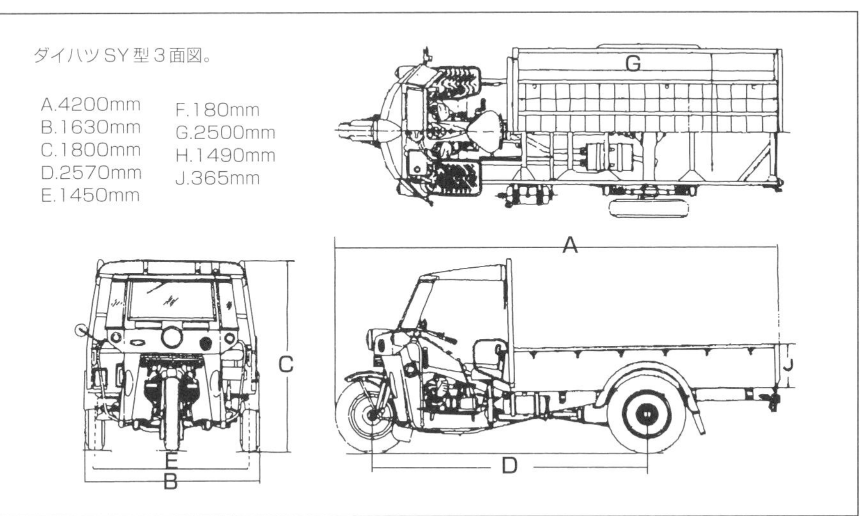

ダイハツSY型3面図。

A.4200mm
B.1630mm
C.1800mm
D.2570mm
E.1450mm
F.180mm
G.2500mm
H.1490mm
J.365mm

が，ダイハツはそんな中でも進んで新しい機構や装置を採用し，常に業界のリーダーとしての地位を確保していた。オート三輪車の高級化を促す原動力となっており，それによって，需要はさらに拡大していった。

依然として，エンジンの出力の向上や積載量の増大という要望は強く，ダイハツでもこれに応えるために1954年には2000kgの積載量を誇るSX型及びSSX型を発売した。V型2気筒というのは同じだが，排気量は1500ccで33馬力というエンジンのもので，積載量の増大に伴って，フレームも強固なものになり，エンジンのマウンティングやサスペンション機構も四輪車並に凝ったものになっている。

1000kg積みのオート三輪車の改良も進み，1955年（昭和30年）になるとエンジン

1955年に発売されたSCB型は積載量1000kgでスタイルも外観だけでなく，インテリアも一新された。方向指示器もウインカー式になり，メーター類も見やすくなるようレイアウトされた。フレーム構造も耐久性を重視して刷新された。

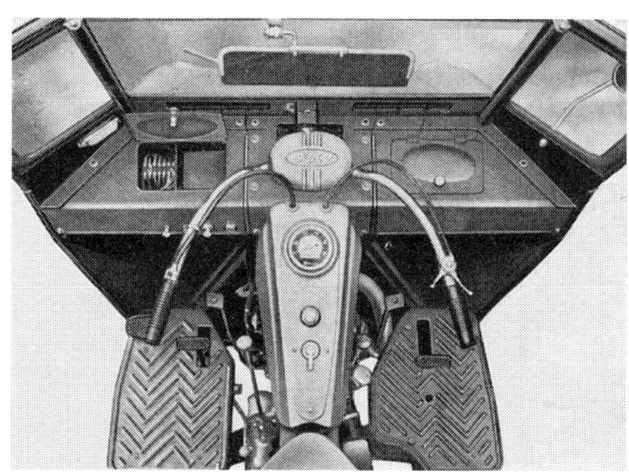

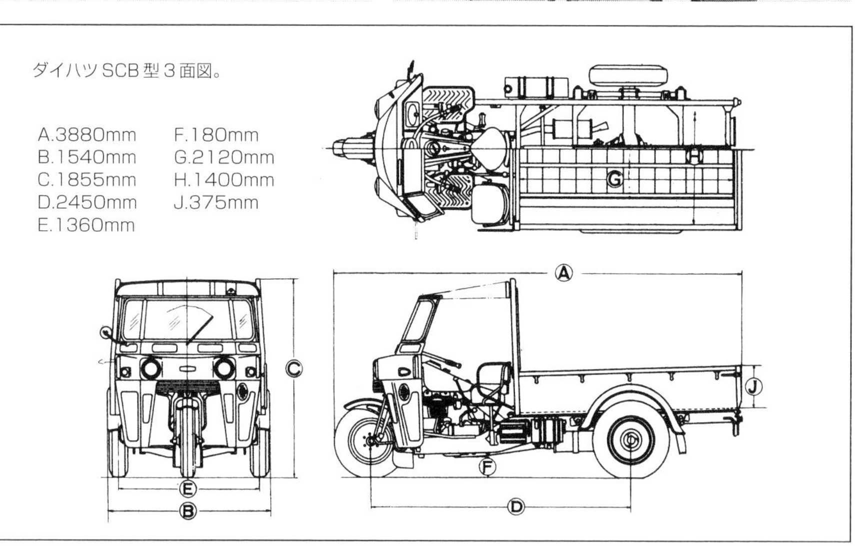

ダイハツSCB型3面図。

A.3880mm
B.1540mm
C.1855mm
D.2450mm
E.1360mm
F.180mm
G.2120mm
H.1400mm
J.375mm

も新開発のオーバーヘッドバルブ式の進んだ機構を採用したものが搭載されている。これがSC型である。経済性を重視することと，エンジンのサイズが小さいことが有利であるために，1000ccではなく750ccから800ccにアップしたものを搭載したが，依然として単気筒エンジンだった。しかし，単気筒であることによる振動が大きいという欠点を補うために，エンジンはラバーマウント方式にしてエンジンの振動が車体に伝わりにくくしている。燃費も22馬力になったにもかかわらず更によくなっているSCE型も用意された。最大出力は26馬力で，山道などの登りで力を必要とする使い方に対応するものである。

これらにも，セルモーターが装備されるなど，扱いも楽になっている。運転席のシー

SC型は空冷単気筒ながらオーバーヘッドバルブ型エンジンになり，性能向上が図られた。ボア95mm，ストローク112mmの800cc。このときから騒音対策として油圧式タペットが採用され出力も22馬力になっている。ミッションもダイハツ独特の6段変速である。

SCB型を改良したSCE型1000kg積載車。

1956年になってダイハツはエンジンを水冷に切り替えた。このSDF型はV型2気筒1000ccの1トン車。

トや補助シートもクッション性のあるものになり，疲労の軽減が図られると同時に，補助席のシートが一定の面積を確保するようになって，走行中に振り落とされる率も減少している。辛うじて座れるようなシートではうっかり居眠りでもしようものなら，段差に乗り上げたショックで車外に放り出されることも決して稀ではなかったのだ。あまりスピードが出ていないから，大きな事故になることが少なかったというのが実状だった。高級化志向のユーザーに応えるモデルの開発の一方で，オート三輪車本来のシンプルで経済的な利点を生かした750cc車の開発も実施されている。

高級モデルがセルモーターを付けるようになったが，これはキック式の始動方式と

2トン車にはV型2気筒1480ccの水冷エンジンが搭載され，出力は45馬力と大幅にアップし，高級感を前面に押し出した。

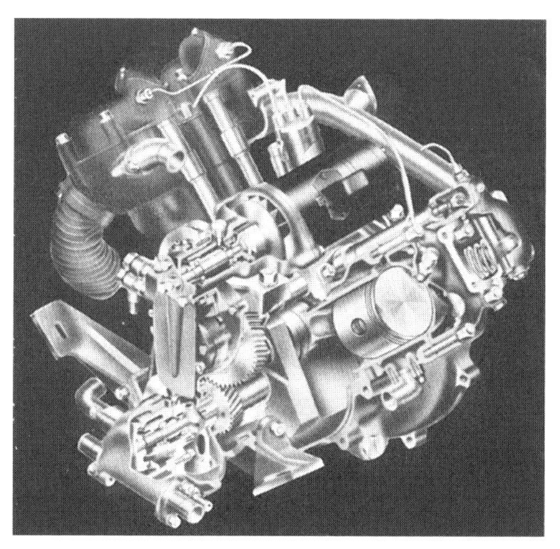

水冷エンジンを搭載したSDO型はSDF型と同じくフロントスクリーンは曲面ガラスを採用，スタイルも新しくなっている。全長もロングボディでは5145mmと大きくなって，荷台の長さも最大13.5尺(4090mm)で3方開きになっている。

し，燃費をよくしてランニングコストを低くすることをねらって，無駄を排除，車両価格も廉価に抑えている。大型化・高価格化を好まない層をターゲットにした17馬力のモデルであった。

エンジンの信頼性と性能向上の両立を図るための手段として水冷エンジンを搭載したモデルも，1956年に登場している。出力を上げて登坂の能力を高めるだけでなく，エンジンの騒音や振動を小さくするためでもあった。長距離輸送に使う率も高くなってきたことに対応したものである。1500ccと1000ccが水冷となり，変速機もそれまでのノンシンクロ式からシンクロ式の4速を採用するようになった。ますます四輪トラックに近づいてきた。

6. 三輪乗用車ダイハツBEEの登場

ダイハツは戦前にも，乗用車を試作しており，四輪部門への進出の意欲をずっともっていた。おそらく戦争によってオート三輪車の生産が低下することなく順調に続

三輪乗用車は各メーカーでつくられたが，その中でもっとも本格的だったのがダイハツBEE。

いていたら，小型乗用車として当時人気のあったダットサンに対抗するクルマをつくっていた可能性があるだろう。

ダイハツにかぎらず，四輪部門に参入しようという意欲を持った企業はいくつもあったが，時代がそれを許さなかったのだ。そうした計画の実現のためには戦後まで待たなくてはならなかった。しかし，戦争そのものと戦災による経済の疲弊からの回復がなくては，こうした望みも実現の方法がなかった。

ダイハツは戦後も早い時期から乗用車の開発計画をもっていた。しかし，戦前から乗用車をつくっていたニッサンでさえ，戦後すぐの段階ではダットサンの製造権を他

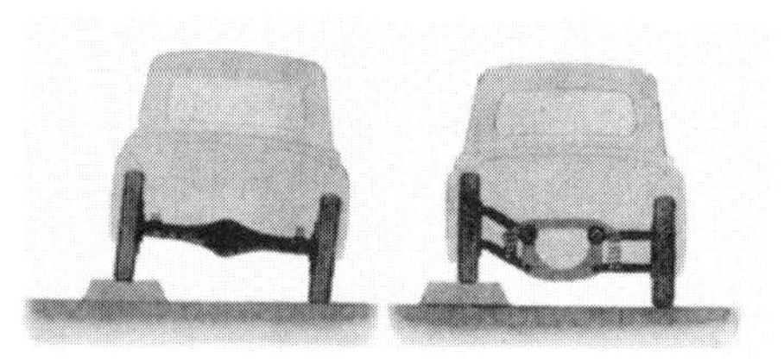

リアはトーションバーとコイルスプリングを併用し，独立懸架方式を採用した意欲的なものだった。

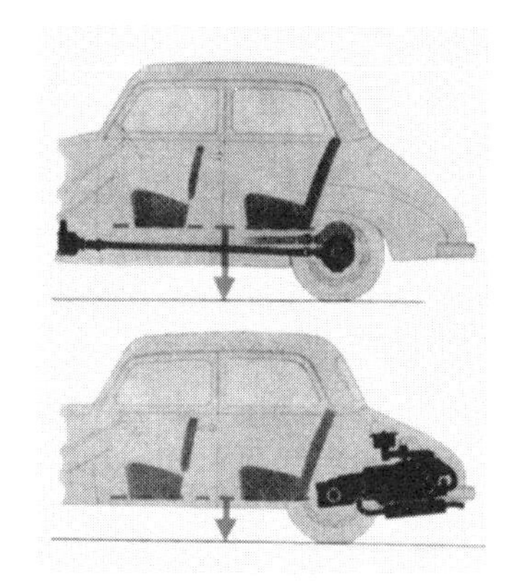

エンジンはリアに配置されたRR式になっており，上の図のようなFR式に比較するとフロアを低くすることができた。エンジンは18馬力で，車両重量は800kgと軽量化も図られていた。

ダイハツBEE 2面図。

A. 全　長　3950mm
B. 全　幅　1480mm
C. 全　高　1450mm
D. ホイルベース 2400mm
E. トレッド　1200mm
F. 最低地上高　170mm
G. 床面地上高　270mm
H. 客室幅　1140mm
J. 客室高　1160mm

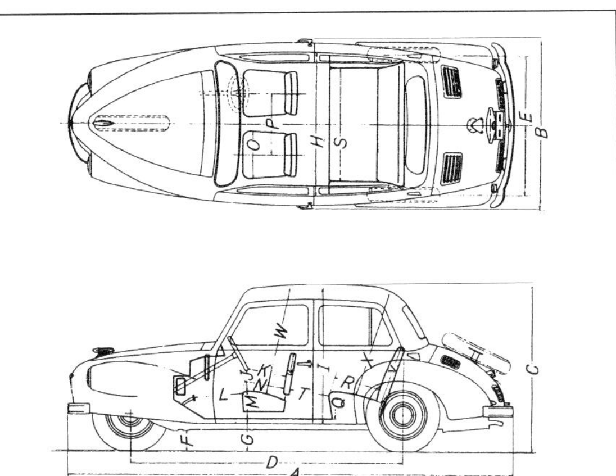

の企業に譲渡しようとする動きがあったくらいで，戦前から引き続いてつくっていた排気量の大きい普通トラックの生産に全力を上げようとしていたのだ。トヨタでも，戦後まもなく先進的な乗用車を開発したものの，悪路を走るための信頼性がないものとなり，販売数はごくわずかで，事実上すぐに生産中止し，トラックの生産が中心となった。その後はトラックのフレームに乗用車のボディを載せたものが小型乗用車としてタクシーなどに使われていた。

戦争中は乗用車などという贅沢なものをつくることができず，戦後になっても，しばらくは国産乗用車の生産もごくわずかで，タクシーなどの営業用にも不足する状態が続いた。

このためにタクシー業界などが輸入車を増やすよう圧力をかけたりしたが，日本の産業を護ろうとする通産省が大蔵省とタイアップして外貨の使用をなかなか認めず，外国車はごく一部しか入ってこなかった。

朝鮮戦争による特需で日本経済が元気になり，ガソリンの輸入も増えてくるようになって，乗用車の需要も増えてきたのは，1950年代になってからのことである。

ダイハツは1951年にオート三輪車の部品を多く流用して三輪乗用車を開発した。他のオート三輪車メーカーはではトラックの荷台を人が乗れるように改造した程度の，とても乗用とはいえないものが多かったが，これは三輪車としては本格的な乗用車として開発されたものである。

ハンドルは四輪車と同様の丸ハンドルにしてステアリング機構を備え，エンジンは新開発水平対向2気筒の空冷804cc18馬力，冷却風が直接当たらないために強制空冷にしていた。リアにエンジンを配置したRR車で，4人乗車できる本格的なボディを持ち，全長4080mm，全幅1480mmと小型乗用車としてはそれなりのパッケージであった。スタイルも十分に検討されて，乗用車らしい印象になっていた。最高速も78km/hとまず

キャビンはまだ独立していないが，ダイハツで最初に丸ハンドル車として登場した２トン積みのRKO型。

まずの性能だった。

1950年に47台つくられ，51年には103台，その後は93台，32台，4台と年々少なくなった。その一部がタクシーとして活躍したものの，ダイハツの意欲とは異なり，販売は伸びなかった。経済的に有利で，使い勝手のいいオート三輪車に比較すると，乗用車は多少価格が高くなっても，四輪でなくては通用しないものであることが実証さ

１９５０年代半ばのダイハツのオート三輪車組立工場内の様子。レール上を移動するオート三輪車に部品を組み付けている。

れる結果に終わった。

ダイハツは，その後も四輪部門への進出計画を持ち続けたものの，三輪車の販売が好調な上に，新しい需要を開拓した軽三輪のミゼットがブームになるほどの好調で，そのことが逆に四輪乗用車部門への参入を遅らせることになった。

7. 独立キャビンのオート三輪車の登場

ダイハツのオート三輪車の生産台数は，1953年には戦前からの累計で10万台を突破，1956年には20万台を記録するという伸びを示した。これにともなって，販売店の

丸ハンドルタイプになり，3人乗車の1.25トン積みのUF型。高級感をアピールしている。

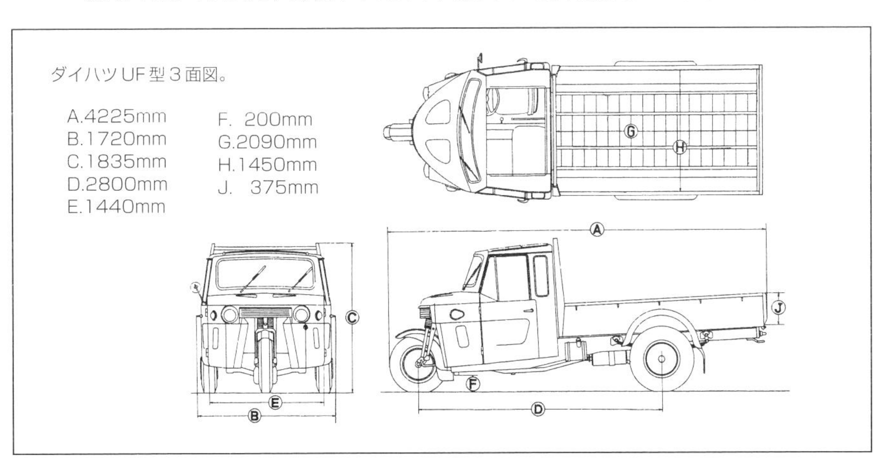

ダイハツUF型3面図。

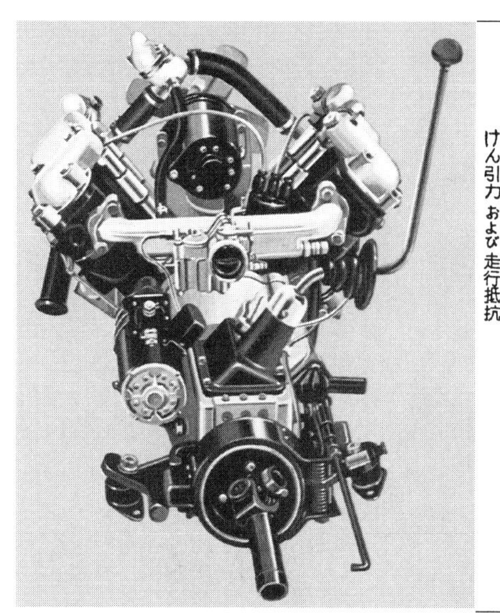

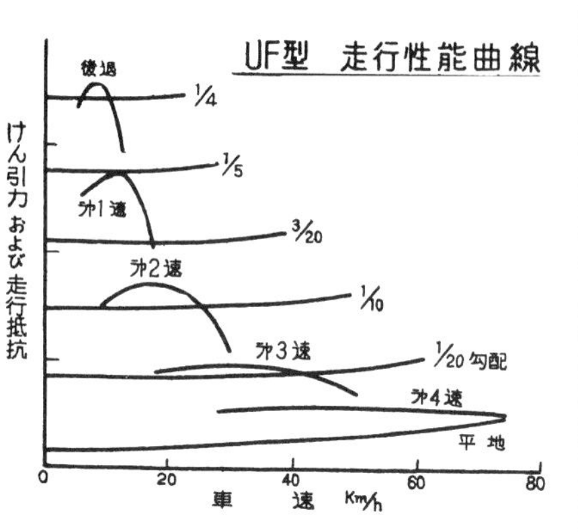

水冷1005ccエンジンは改良が施されて出力が33馬力にアップしており，トルクも実用性を重視したものになっている。トップギアで30から50km/hで，セカンドで20から30km/hあたりで最大トルクを発揮している。

整備も進んだ。1947年に51店の販売店で営業したダイハツは，1951年には62店に，最盛期の1956年には68店となった。傘下の副販売店は500店にも及び，小型1級あるいは小型2級整備工場の認定を持つ販売店の数も多くなり，サービスの充実も図られた。各販売店には1953年からサービス部が設けられ，部品の販売やクレーム処理機関も作り，ダイハツ本社の技術指導も実施し，新型車に対する取り扱いや整備技術の指導もその都度行われるようになり，小型四輪トラックのサービス体制に負けないだけの組織的な取り組みとなった。

キャビンの背部も鉄板製で完全に独立している。

リアのリーフスプリングは荷物を支えるために多板になっているが，乗り心地も考慮して長いスパンのプログレッシブスプリングを用いている。

3人掛けのロマンスシートという謳い文句で，独立したキャビンの快適性をアピールしている。ドアには三角窓と上下にスライドする方式になっている。

こうしたことが可能になったのは，1955年には全国の保有台数が40万台を突破し，貨物自動車の6割までをオート三輪車が占めるようになった実績があったからだ。販売網の充実とサービス体制の質の向上が,軽自動車や小型四輪に主力が移ってからも，ダイハツの販売増大に結びついた。その基盤はオート三輪車の好調によってつくられたものである。

丸ハンドルの独立キャビンになった2トン積みのダイハツPO型。

丸ハンドルの１トン積みPL型。

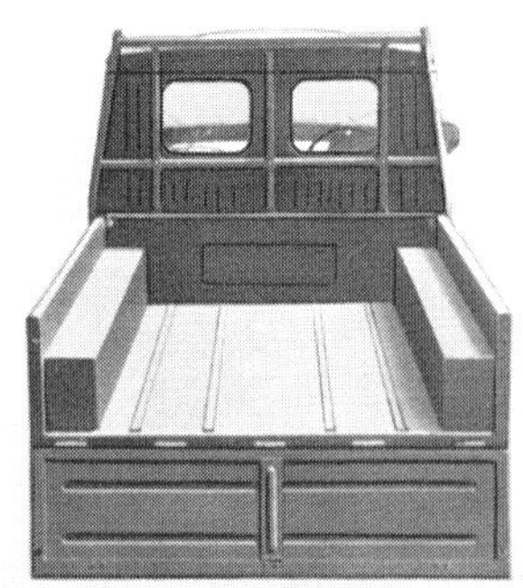

同じく1.25トン積みのPF型。

1955年（昭和30年）は，トヨタのクラウンとニッサンのダットサンという，小型乗用車のその後の発展の元になるクルマが誕生し，翌年からの好景気に支えられて販売を大きく伸ばして，トヨタもニッサンも飛躍していこうとしていた時期である。貧しさから脱し，電化製品も普及しつつあった。

こうした経済復興に呼応して，オート三輪車の高級化が進められた。それまでのシートに跨ってオートバイと同じようなバーハンドルを操作するものから，四輪車と同じような装備やアクセサリーの充実が図られた。1955年には，ヘッドライトが2灯式になり，翌56年にはサイドドアが設けられた。同じくその年の秋には2トン車がまず丸ハンドルになった。これがRKO型で，その後1.5トン車や1トン車も丸ハンドル仕様になった。1958年には，これらの丸ハンドル車は，荷台と運転席が分離し，キャビンが密閉式になり，前輪が1輪であること以外は，四輪車と同じような装備のトラックとなった。もちろん，前輪が1輪なので，直進安定性がよいとはいえず，まっすぐ走るためにもハンドルは常に小刻みに操作していなくてはならなかった。

新しい販路を開拓するために，ダンプカー，バキュームカー（衛生車），国鉄貨物配達用車などの装備を施したコンテナートラックやトレーラートラックとしてのオート三輪車がつくられた。こうした特殊車両を開発するために，ダイハツでは1957年に特殊車両部が設けられた。

ダイハツのオート三輪の特装車。上左から衛生車，同右は消防車，その下左客貨兼用車，同右は塵芥収集車，その下左はダンプトラック，同右は冷凍車，下はトレーラー車。

特殊三輪トラックの開発状況

	ダンプカー	バキュームカー	コンテナトラック	トラクター（およびトレーラー）
1953	DSV(1トン)			
1954		SXW(1.5トン)		
1955	(8月)SCO8D (1.75トン)	(9月)SCO8W (1.75トン)	(8月)SCE8C 1 (1トン) SCE8C 2 (1トン, ブリッジ式) SCE8C 3 (1トン, クレーン式)	
1956	(9月)RKO8D (1.75トン) RKO10D (1.75トン, 三方開き)	(6月) RKO8W (1,800ℓ)	(9月)SCF8C (1トン)	(8月)KNMA＋TNM(5トン) (9月)KNLA＋TNL (2トン)
1957			(8月)RKF8C (1トン) (10月)RKO10C (2トン)	
1958	(8月)PO8D (2トン)	(8月)PO8E (1,800ℓ)		
1959	(12月)UO8D (2トン) UO10D(2トン)		(3月)PF8C (1トン) PO10C (2トン)	TNMC(6トン) (国鉄コンテナ専用トレーラー)
1960			(2月)UF8C (1トン)	(3月) KNMB＋TNM (5トン) KNMB＋TNMC(6トン)

これらは，オート三輪車の小回りが利く利点を生かして，一定のシェアを確保して活躍した。ダイハツのオート三輪車は大きなエンジンのものでは，3速ミッションに補助ミッションが付けられ，6段変速と同じ使い方ができ，これをうまく利用すると燃費もよくなった。また，販売が増えるにつれて，エンジンの排気量や，各種の仕様の違いなどバリエーションが多くなったが，この時代には9種類のオート三輪車のほかに特殊車まであったから，2トン，1トン，4分の3トン車の3つにわけ，これにフレー

1958年に登場したダイハツの小型四輪トラックのベスタ。

ムとエンジンをうまく組み合わせることで，用途に適したクルマをつくるように配慮している。こうした合理化が図れるのもトップメーカーの強みであった。

1956年（昭和31年）7月にはダイハツのオート三輪車は3000台の販売をみせ，翌57年7月には3381台という月間販売台数の新記録をうちたてた。しかし，このときをピークにこれ以降は下降線をたどっていく。オート三輪車の好調な売れ行きに目を付けたトヨタが，トヨエースの販売に力を入れ，車両価格もオート三輪車と差のないものになってきたから，オート三輪車のもっているメリットが小さくなってきたのだ。しかも，順調な経済復興によって，生活は少しずつ向上してきて，我慢して運転するものから，快適に走れるものが求められるようになってきた。トヨタでは，クラウンに次いで，コロナの開発を進めるようになり，ニッサンでもダットサン以外にオースチンに代わるセドリックの開発を始め，自動車の需要もトラック主体から乗用車中心の時代が幕を開けようとしていた。

オート三輪車が豪華に高級化していくことで，四輪車に駆逐されるようになってきたのだ。

1960年代になって，ダイハツでは四輪小型トラックに対抗するために，新型エンジンを投入している。1490ccの68馬力と1861cc85馬力の水冷直列4気筒エンジンである。これは小型車の車両規定が改定されて，排気量が2000ccまで拡大されたことに対応したもので，トヨタやニッサンに比較しても素早い動きであった。ダイハツはエンジンそのものの技術にしても四輪メーカーと遜色なかった。生産する自動車の種類に違いがあるだけで，自動車メーカーとしては充分に対抗できる自信を示したということができる。

時代の変化に対応するダイハツの新型車の開発は見事だった。新しいオート三輪車の開発を続けながら，四輪トラックの開発と軽三輪車を新しくデビューさせている。

オート三輪車の販売が下降線をたどったのとは対照的に販売を伸ばした軽三輪トラックのミゼット。

ミゼットの宣伝は関西の俳優を中心とするテレビのコメディのコマーシャルでお馴染みとなり，ブームの様相を呈した。

日本独自の分野のクルマである軽三輪は海外にも輸出されるようになり，アジア地域にこの種のクルマが根を下ろすことになった。手軽で経済性にすぐれていたからだ。

1949年につくられた軽自動車というカテゴリーは，多くの特典があるためにいろいろなものが登場している。初めは乗用車タイプが多かったものの，その多くが弱小メーカーの一品料理的な開発のクルマで，サイズが限られているために大人2人がゆったりと乗れるものではなかった。四輪車としての完成度も高くなく，おもちゃに近いものが多かったが，1958年に富士重工業が開発したスバル360が大人4人が乗れるものとして注目を集めた。それまでの軽自動車とは一線を画す内容の本格的なクルマであった。スバル360の登場によって，軽自動車がクルマの一つのジャンルとして成立することが証明された。

軽自動車のもう一つの流れは，ダイハツによってつくられた。オート三輪車のもっている扱い安さや経済性の良さを軽自動車の枠の中でつくることによって，さらに徹底させようとするコンセプトで開発がスタートしたのは，1953年頃のことで，これがダイハツミゼットである。

軽自動車のエンジンは4サイクルエンジンは350ccだったが，2サイクルは240ccという規定だったために，2サイクルを採用して240ccエンジンの開発から始めている。その後，軽自動車のエンジン規定は2サイクルも360ccになったが，ダイハツは250cc 8馬力のエンジンを積んだ軽三輪のダイハツミゼットを1957年（昭和32年）8月に発売を開始している。車両重量300kg，全長2540mm 1人乗りでオート三輪車が丸ハンドルに切り替わりつつあったが，最初は経済性を重視してバーハンドル仕様であった。

ダイハツの軽三輪トラックは，車両価格も30万円という安さで，1958年になると爆発的な売れ行きを示した。軽三輪トラックはダイハツの参入によって初めてひとつのカテゴリーとして成立することになったといえる。

ミゼットの成功で，他のメーカーからも次々と軽三輪トラックが登場し，ダイハツは排気量の増大や丸ハンドル仕様車などの改良車を投入して，この分野でも業界トップの地位を守った。ホープスターの軽三輪トラックの方が数ヵ月早かったものの，販売網やサービス体制の充実，知名度や宣伝力など，どれをとってもダイハツの方が有利であった。

改良されてさらに評判のよくなったミゼットは，1960年には月産8500台の新記録をマークし，オート三輪車に代わってダイハツの屋台骨を支える製品となった。

ダイハツが軽の乗用車を発売するのは1966年のことで，ミゼットのあまりの好評もあり，マツダに遅れること7年で，スバルやスズキ，三菱などのメーカーにも遅れている。その前に，コンパーノバンに始まる小型四輪車の開発を進め，トヨタ，ニッサン，マツダ，三菱に次いで小型車メーカーの仲間入りを果たしている。これも，オート三輪車の開発と販売で培った企業の力量があったからできたことであった。

しかし，やがてはミゼットもオート三輪車と同じような運命をたどって姿を消していかざるを得ないもので，その後のダイハツの主力車種として軽乗用車と小型乗用車の開発が重要になってきた。しかし，この分野では明らかに後発メーカーであり，ダイハツがオート三輪車や軽三輪車のように業界のリーダーとしての地位を保つのはむずかしかった。

オーナー社長が強いイニシアティブをとって企業の方針を決めていく経営とは違う行き方をしてきたダイハツが，取引銀行の意向もあって，トヨタと提携する道を選択して生き残ることになったのは，1966年（昭和41年）のことであった。

1861cc85馬力の水冷直列４気筒エンジン。

トップメーカーの貫禄と実績・マツダ

(東洋工業)

1. オート三輪車メーカーとしてのスタート

東洋工業・マツダは，オート三輪車メーカーとして常にダイハツと競合する有力メーカーであり，よきライバルであった。オート三輪が，自動車の一つのジャンルとして確立するには，ダイハツとマツダという，技術的にも企業経営的にもしっかりとした理念と行動力がある企業が参入することが必要だった。そうでなければ，戦後のオート三輪車の隆盛はなかったかもしれない。この両メーカーが，オート三輪車界でリーダー企業となることで，その後の発展の道が開かれたのだ。

両社は企業として対照的な特徴があった。どちらも，トヨタやニッサンよりも創業は古く，歴史のある会社である。

ダイハツは内燃機関をつくるなど最初から技術を売りものにするアカデミックな側面をもつ企業であったが，組織的にはオーナー企業の色彩が薄く，社員の中から経営者が選ばれることが伝統になり，合議制で運営する組織となっていた。これに対して，東洋工業は最初からのオーナーではなかったものの，松田一族が社長として采配を振るう，トップダウンの色彩の強い企業であった。

今日の東洋工業・マツダの基礎を築いたのは松田重次郎・恒次という親子である。松田重次郎氏は広島県出身で，神戸で修業して優秀な職工になり，腕の良さは格別の

1930年に新しく建設した東洋工業の広島市郊外府中にある本社工場。

ものであったという。明治から大正にかけて自らが経営する松田製作所やそれを発展させた日本兵器製造などで活躍した。その後，1920年（大正9年）に同じ広島にある東洋コルク工業に重役として招かれた。この会社は，ビンの栓として使われるコルクや氷で冷やす冷蔵庫の断熱材として用いられたコルクをつくる会社であった。翌21年には社長に就任し，それ以降，この会社の経営者として実権を握っていく。

東洋コルクから東洋工業に社名を変更したのは，1927年（昭和2年）のことで，新しい分野に進出するためだった。コルクを中心とする製品の企業では，景気の波の影響が強く，取引先の企業の意向によって売上高が大きく左右される不安定なものだった。昭和の始まりとともに訪れた金融不安を乗りきるためにも，企業としての自主性を保って発展していくためにも，新しい分野に進出する必要に迫られたのである。

東洋工業のある広島には，近くに広海軍工廠や呉海軍工廠があり，重次郎氏自身も

戦後になって増設された本社工場は建坪28万㎡に及び，その設備のすばらしさでもよく知られている。

自動車部門への参入に当たっては，まずオートバイの開発から始めた。これは1930年の広島市の招魂祭オートレースで優勝を飾ったオートバイ。

優秀な技術を習得していたから，機械事業を主力にしていく方針を打ち出し，そのために社名も変更したのだ。この頃になると，社長の松田重次郎氏を中心とした企業となっており，絶対的な地位を築いていた。

この転換によって，海軍からの兵器の製造の仕事が入るようになり，東洋工業は世界恐慌による景気の冷え込みをも乗り越えることに成功した。銃のような精巧で高度に均質な仕上げを要求される製品をつくることによって，企業としての技術力や精度の高い製品の加工に必要な各種の工作機械を整えることができた。しかし，一時しのぎのものにすぎないと考えていた重次郎社長は，受注に頼らず東洋工業の独自の製品をもつことを念願していた。

目を付けたのが自動車である。フォードとゼネラルモータースが日本に組立工場を建設して，販売網を全国に構築して自動車が普及するようになってきていた。オーナーカーは少なかったが，タクシーやハイヤーが街の中を走るようになり，次第に自動車はもの珍しいものではなくなっていた。

しかし，自動車メーカーになるためには，アメリカの量産体制を取っている巨大メーカーに対抗するだけの技術力や資本力がなくてはならず，すぐに参入できるものではなかった。そこで考えられたのが，オートバイから手をつけることだった。企業

1930年秋に完成した試作車。イギリスのエンジンを参考にしてつくられ，車体は鋼板製の低床式になっている。

マツダのオリジナルエンジンはまず空冷単気筒500ccから出発したが，最初は482ccですぐに485ccになっている。

は自分自身の製品を持たなくてはならないという松田社長の信念に裏付けられた行動である。

まずイギリスからフランシスバーネット及びダネルトという2台のオートバイを輸入して試作することから始められた。2サイクル250ccのエンジンを1926年（大正15年）に完成，翌27年にはオートバイとしての完成品を6台つくることに成功した。このオートバイは“トーヨーコーギョー”と名付けられて1台350円から380円の価格で，まず30台の販売を開始した。

当時は，オートバイの多くはアメリカやイギリスから輸入されており，国産品はあまり評価されなかった。それでも，広島市にある練兵場で開催されたオートバイレースに出場，イギリス製のアリエルを抑えて優勝した。しかし，量産される海外のオートバイの価格より安くすることはむずかしく，販売の伸びも期待できなかった。

そこで，急速な伸びが予想されるオート三輪車の製造に着手することになった。専務となっていた，松田重次郎社長の長男である松田恒次氏と技術関係の竹林清人氏が中心となって計画された。二人は1929年の終わり近くから，関東や関西で走っているオート三輪車の実態を調査し，その後の伸びが充分に予測できるという結論に達した。当時はまだ保有台数は多くなかったが，車両価格が四輪車に比較して大幅に安く，取り扱いが容易で，使用している商店や運送会社での評判がよかった。自動車は乗用車よりも輸送機関としての役割が求められており，その点オート三輪車は大メーカーが参入していない将来性のある分野だったのだ。

このころから東洋工業では，エンジンの開発に顧問として島津楢蔵氏を迎えて指導を仰いでいる。島津氏は日本で最初に国産のガソリンエンジンを設計製作した大御所

最初のオート三輪車であるDA型。販売を三菱商事に委託したために燃料タンクにスリーダイヤが入っている。

で，最初に航空機のエンジンを設計し，その後はオートバイ用のエンジンを開発，エンジンに関する研究を重ねて技術的な蓄積をもっていた。とくに燃焼理論については深い造詣を有し，マツダがエンジンの性能追求で燃焼効率を優先して設計する伝統がつくられたのは，これに由来するといわれている。

2. 軌道に乗るオート三輪車の営業

まず，1930（昭和5年）年の初めから，当時のオート三輪車の主力エンジンとして多く使用されていたイギリスのJAPエンジンと，同じくイギリスのバーマン社のトランスミッション，ドイツのDKW社の車体を参考にして開発された。オートバイメーカーとして有力なDKWは，日本に入って改造されて三輪車となっていたが，これは，低床式でエンジンが前にあって前輪を駆動する方式で，三輪乗用車用としても使用されていた。

広島を本拠にする企業である東洋工業は，中小企業をユーザーとするオート三輪車メーカーとして出発し，力を蓄えてから四輪車へステップアップするという戦略を立てた。オート三輪車はエンジンを初めとして主要部品の多くを海外からの輸入品に頼って，町工場に近い規模の企業が、大した設備も持たずにつくっていたから，東洋工業の技術力をもってすれば，充分に成算があると考えたのだった。

1930年の秋に試作1号車が完成した。ユーザーの意向を調査し，技術的にも競争力のあるものにするという当初の狙いを実現したものだった。最初から差動装置をもった本格的なものにしており，当時のオート三輪車としては最先端の機構であるシャフトドライブを採用，変速機にも後退ギアがつけられていた。オート三輪車として，望まれる新しい機構を採用しただけでなく，生産も一貫して社内でできるように，設備

1934年に開催されたオート三輪レースを走るマツダ号。こうしたレースは当時よく行われたという。

走行テストもよく実施され，その結果に基づいて改良が加えられていった。荷台で各種のデータを取っている。これは1935年のもの。

から材料までよく検討して整えられた。当時はこうした計画的で合理的な手法で，オート三輪車の生産に乗り出すところは多くなかったのだ。

広島市外の府中にある新工場で市販用のオート三輪車がつくられたのは1931年10月からであった。マツダ号DA型と名付けられたが，Dは差動装置付きを，Aは最初のクルマであることを意味している。その1年後には改良したDB型を出し，さらに1934年にはエンジンを改良したDC型にしている。

D型シリーズに加えて，1934年10月に単気筒654ccサイドバルブ空冷エンジンのKA型を発売している。これはD型と同じフレームを使用しており，その後改良されたKC36型は1100円という価格であった。これはミッションも一体化した鋳造によるパワーユニットで，マツダの特許によるものだった。

三菱商事によってブラジルに輸出されたマツダ号は現地で軍用として使用された。

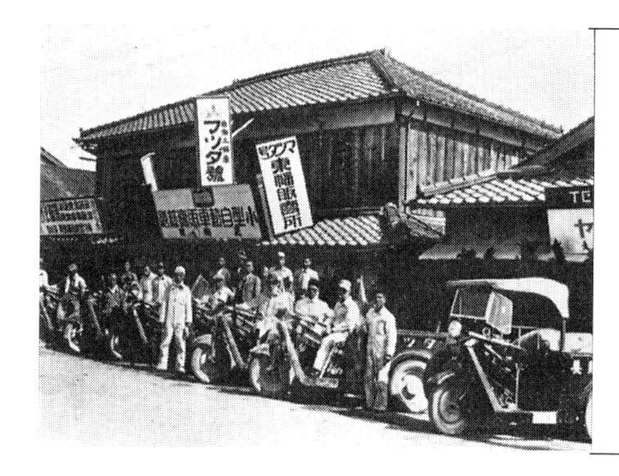

1936年(昭和11年)当時のマツダの販売店。この写真も次ページの鹿児島から東京までのキャラバンの途中で立ち寄った際の記念撮影である。

マツダ号の生産設備の充実ぶりとその能率の良さは，当時から日本屈指のものといわれて評判となっていた。最初から，それまでの町工場的なオート三輪車メーカーとは違っている印象を与えてスタートし，ダイハツと並んで後発ながら，すぐに有力メーカーとなった。

オート三輪車の製造という新しい分野への参入で，東洋工業はその販売をまず三菱商事にゆだねた。コルクの生産や兵器関係の部品の受注などが中心で，製品の販売に手を染めた経験がなかったから，販売面では強力なネットワークとノウハウをもつ三菱商事と手を結ぶことにしたのである。

このため，マツダ号には三菱のマークであるスリーダイヤが入って販売された。三菱商事は東京や大阪をはじめ各地に特約店を設置し，アフターサービスの徹底をはかった。三菱はオート三輪車の完全な整備や修理能力のあるディーラーを見つけられない地域には積極的な進出をしない方針だったから，需要が見込まれる地域でもマツダ号が浸透しないうらみがあった。

当初は販売に関して全くノウハウがなかった東洋工業は，マツダ号の販売が好調になるにつれて，販売を三菱商事に委託していることが，さらなる飛躍のためには弊害になると感じるようになった。総合商社である三菱商事にしてみれば，オート三輪車の販売は数ある製品のなかのひとつにすぎず，東洋工業が期待するような宣伝や販売拡張活動をするわけではなかった。メーカーである東洋工業とユーザーとの間のコミュニケーションも，三菱商事が介在することでスムーズにはいかなかった。

そこで，大阪の発動機製造のダイハツ号や東京の日本内燃機のニューエラ（くろがね）号などとの競争に打ち勝つために，販売活動も独自に展開する決意をかためた。1936年（昭和11年）8月に東洋工業は三菱商事との一手販売契約を解除，翌37年12月には海外市場の販売契約も解除し，三菱との提携は終わった。

なお，マツダ号の海外進出は，三菱商事を通じて中国や満州などへの輸出であったが，1936年から37年にかけて，約50台が国産車としては珍しくブラジルやペルーなど南米に輸出されている。

5台のマツダ号を連ねての鹿児島から東京まで宣伝を兼ねた2700kmに及ぶキャラバン走行。

キャラバンのゴールは東京の明治神宮で，要した日にちは25日だった。

マツダは，新しく独自の販売網を構築したうえに，ユニークな宣伝方式をとった点でも注目された。その一つが鹿児島から東京までのオート三輪車によるキャラバン隊のパレード走行だった。マスコミによるPRなど考えられない時代の中で，一般に広く宣伝する方法として主要幹線道路を通って各地の販売店を訪問してマツダのオート三輪車を披露するものだった。500ccDC型が1台，650ccKC36型が4台の計5台によるもので，走行を重ねてもトラブルが起こっていないことをアピールして信頼性があることと優秀性をPRした。各地の特約店や大口ユーザー，新聞社，陸海軍省や鉄道省などが主な訪問先であった。

鹿児島－東京間の2700㎞の走行は，1936年4月29日に鹿児島市城山照国神社前を出発，東京の明治神宮にゴールしたもので，全所要日数は25日，うち6日が雨となり，全走行時間180時間20分，平均時速は27.8㎞/hという記録が残されている。

この方法は，10年以上前に，オートバイのエーロファスト号で島津楢蔵氏が実施したキャラバンにヒントを得たものだった。オート三輪車によるパレードなどは例がなかったから，各地でもの珍しさも手伝って大いに宣伝効果があったという。そのために，こうした実走行による宣伝がその後も各メーカーで実施されるようになった。

3. 戦争による生産減少と兵器生産

1935年（昭和10年）は970台という年間生産だったマツダ号は，翌36年になると2353台と急速に生産台数を増やし，戦前のピークとなった37年には3021台に達した。ダイハツに次いで第2位の成績で，2大メーカーによる生産台数はオート三輪車全体の過半数を制していた。マツダ号が，有力メーカーであった日本内燃機のくろがね号を上回ったのは1936年からのことである。

1938年4月に独自の販売網の確立のタイミングに合わせて，東洋工業はそれまでのK型に代わって新型のGシリーズを登場させた。エンジン排気量を654ccから669ccにアップし，変速機も3速から4速になった。主として燃費の節減を考慮した改良である。戦時体制が強化されるにつれて燃料のガソリンの入手が困難になることが予想されたからで，ガソリンの一滴は血の一滴というスローガンが広まりつつあった。このオート三輪車にグリーンパネルという愛称がつけられたのは，メーターパネル部分を緑色に塗装して特色を出したからで，新しい試みだった。

オート三輪車の泣きどころの一つだった登坂力のなさや加速力の弱さも改良された

K型シリーズに代わるGA型が発売されたのは1938年4月のこと。このモデルが戦前の最終になるもので，戦後まで長期間にわたって生産され続けた。

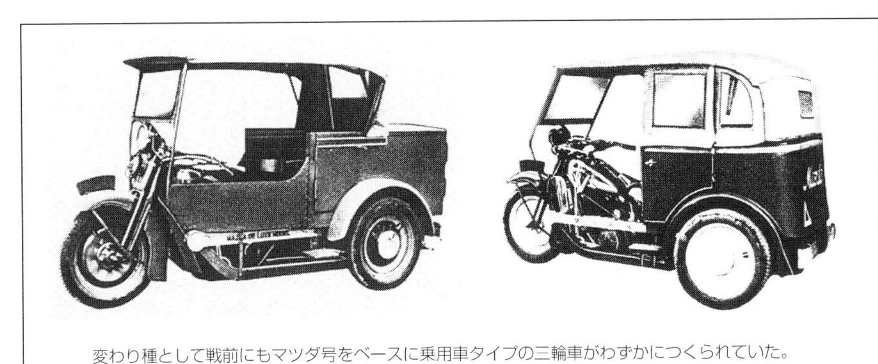

変わり種として戦前にもマツダ号をベースに乗用車タイプの三輪車がわずかにつくられていた。

ものの，この年は前年よりも販売台数が上向かなかったのは，原材料の入手が次第にむずかしくなり，生産減少の道をたどらざるを得なくなったからである。

この年の末からマツダでは新型車に搭載するV型2気筒750ccエンジンの開発を始めたが，これが完成する前に燃料の規制が厳しくなり，石油の販売が統制されるようになって，政府の発行する切符がないとガソリンの購入ができなくなった。軍需品が優先されるようになり，民間の使用できるガソリンは1941年にはストップしている。東洋工業でも，新型ガソリンエンジンの開発を後回しにして，代替燃料を使用できるエンジンの開発をすることになり，1940年には木炭ガス発生装置を，翌41年にはアセチレンガス発生装置を完成させている。

統制経済下の時代になって，ダイハツやくろがねとともにマツダも，オート三輪車メーカーとして指定され，辛うじて生産を続けたものの，台数は年々減少していき，1942年（昭和17年）には1000台を割り込み，終戦の年は100台以下となっている。

民間の需要の減少に伴って，東洋工業にも軍部からの軍需品の生産依頼が相次いだ。元から実績のあった小銃の大量生産を引き受けるようになり，オート三輪車の生産が減少しても企業としての運営は可能であった。しかし，こうした受注に頼っていたのでは企業としての自主性がなくなるからと，オート三輪車の生産に乗り出したはずだったが，再び軍部からの受注がふえていったのだ。

4. 戦前の乗用車開発計画の挫折

オート三輪車の製造販売は，自動車メーカーになるための一つのステップとしてのスタートであった東洋工業は，その事業が軌道に乗ったところで，次のステップを図った。しかし，これも戦時体制が強化され，計画倒れにならざるを得なかった。

マツダの小型四輪車計画は1936年11月にその第一歩が踏み出された。重役会に諮られたこの計画が承認され，借入金で開発と生産設備などにかかる費用をまかなうことが決定し，試作車がつくられることになったのだ。とくに四輪車となると，精密さも一段とレベルの高いものが要求されるようになり，工作機械も海外から優秀なものを購入する必要があった。社運をかける決意がなくては，実行に移せないことであり，経営陣の並々ならぬ熱意がなくては不可能だった。

この2ヵ月前にトヨタとニッサンが自動車事業法による許可会社に決定しており，日本の自動車産業が新しい段階に入ろうとしているときであった。この自動車事業法は戦時経済体制へ移行する一歩を踏み出す内容をもったもので，フォードとゼネラルモータースの日本法人を駆逐する意図があり，軍部が使用するトラックなどの自動車を国産化しようとするものだった。

そのためには日本の自動車メーカーを保護育成しなくてはならず，この法律に基づく許可会社に指定されれば，所得税の免除や外貨の使用が優先的に認められる上に，製作したトラックを軍部が買い上げてくれる。許可会社に指定されることは，自動車メーカーとしての存在を軍が保証してくれたようなものだった。それだけの生産設備などの能力を持っていなくてはならなかったが，それまでの実績からトヨタとニッサンが指定されたのは，当然のことであった。

オート三輪車メーカーとしてようやく活躍するようになった東洋工業は，小さいエンジンしかつくっておらず，生産設備もそれに見合ったものであったから，軍部が必要とする普通車クラスのトラックをつくることはもとより不可能だった。

東洋工業の規模では，この当時の750ccエンジンを搭載する無免許で乗ることのできる小型車に的を絞って開発すること以外の選択はなかった。当時の小型車の代表はダットサンで，このほかにオオタ号や東京自動車製造による筑波号などがあった。マツダが参考にするために選んだのはオースチンセブンであった。当時のイギリスの国

イギリスのオースチンセブンをモデルにして開発した東洋工業の小型四輪乗用車の試作車。オート三輪車メーカーからの脱皮を図ろうとしたが，戦時体制になって果たせなかった。

戦時中はガソリンを初めとする燃料が極端に不足し，そのために開発したトーヨー式アセチレン発生装置付きのマツダGA型。

民車的なクルマとして多くを販売しており，日本にも欧州車の中では比較的多く輸入されていた。日本の小型車よりも車両サイズがわずかに大きいだけで，750ccエンジンを搭載した技術的にすぐれたクルマであり，小型車を開発しようとすれば参考にするにはもっともふさわしいものだった。

競合することになるダットサンは，1931年に第一号が完成しており，機構的にも古めかしいところがあったが，車両価格はオート三輪車よりも若干高いだけであった。したがって，これに対抗するにはコスト的にも厳しいものがあり，ある程度の量産を前提にしなくてはならなかった。そのために，グリーソンのギア切削機などの精巧な工作機械をアメリカから購入する必要があった。

東洋工業の小型乗用車の試作が完成したのは1940年5月のことだった。オーソドックスなスタイルの4人乗りのセダンであるが，当時の日本の事情を考えれば，これを生産に移し販売する訳にはいかなかった。試作を開始した直後に日中の戦争は全面的なものになり，それ以降はまっしぐらに戦争への道をたどり，乗用車のような不急不要のものは歓迎されなくなっていた。民間が輸送に使用するオート三輪車さえそのような扱いされていたのだからなおさらである。

ニッサンでも当初の主力だったダットサンが生産減少に追い込まれ，軍用トラックの生産が中心になっていた。ダットサンの戦前の販売のピークも，オート三輪車と同じく1937年（昭和12年）のことだった。

この小型乗用車の試作の完成を目指している最中に東洋工業は，陸軍兵器本廠から40馬力の6輪大型輸送車の製作依頼を受けた。この開発のための資材は軍部から支給されることになり，技術的な挑戦としても魅力的なものであったが，設備面から見ても無理のあるもので，実行に移されなかった。13.7馬力というオート三輪車の世界から3倍のパワーの世界に飛躍するわけにはいかなかったのだ。

この後，同じ陸軍兵器本廠から側車付きの自動2輪車の受注があった。軍用の2輪車はハーレーダビッドソンを日本でつくっていた陸王内燃機とオート三輪車メーカーでもあるくろがねの日本内燃機が指定メーカーになっていたが，東洋工業もその仲間

幸いにして原爆の被害に遭わなかった東洋工業の工場。これは1940年当時のもので，戦後しばらくは広島市役所が間借りしていた。

入りを果たした。

しかし，トラックに比較するとその需要は多くなく，東洋工業の生産の中心は戦争の激化とともにオート三輪車から小銃や機械，削岩機などに移っていった。

5. 戦後のオート三輪車の生産再開

広島といえば世界で最初の原子爆弾が投下されたことで知られているが，市外にあった東洋工業は，その被害は比較的少なく，戦争による工場や機械類の災害も軽微であった。市の中心地が被害がもっとも大きかった関係で，市役所を初めとする市の中枢機関が一時的に東洋工業の建物の一部を借りて機能を果たすという時期があった。この後，マツダがくしゃみをすれば，広島の町中が風邪を引くといわれるくらい，東洋工業は広島地区の中心企業となった。

ダイハツとともにマツダのオート三輪車の生産再開は早かった。軍需工場からの転

戦前からのモデルだったGA型に代わって1949年4月に登場したニュータイプのGB型。

原材料の不足のために生産は順調ではなかった。これは1948年(昭和23年)にタイヤの供給が間に合わなくて足なしのまま800台の在庫が発生したときのもの。

換に不安はあったものの，多くの機械メーカーや自動車メーカーがまず鍋や釜などの日用品を手持ちの資材を利用してつくったのに対して，東洋工業は最初からオート三輪車の生産をメインに掲げて活動を開始した。

終戦の1ヵ月後の9月になって，九州の久留米のブリヂストンタイヤへ部品の供給依頼に松田恒次専務が訪れたときは，まだ茫然自失に近い様子だったという。

オート三輪車の生産の許可が下りるまでの間は自転車を生産した。兵器工場の量産体制を敷いた設備を利用してできる自転車にまず目を付けたのである。

オート三輪車の生産開始は1945年（昭和20年）12月からで，この月に10台生産したのは，戦前からのオート三輪車の669ccGA型だった。生産を順調にのばせなかった最大の問題は，資材の不足だが，これはどのメーカーでも共通のことだった。

東洋工業は大阪や東京から離れているだけに逆に資材の入手には有利だった。資材も配給制で割り当てられていたが，それだけでは生産を維持することはむずかしく，それぞれに独自に手を回していた。

東洋工業では旧軍部の施設の払い下げなどによって，主として鉄板などを確保した。広島や山口や島根などに各種の軍用施設があった関係で，その払い下げ契約を結ぶことで入手できたのである。この当時のオート三輪車のおよそ3分の2がこうした材料でつくられたものであったようだ。

機敏な動きを見せたことで，東洋工業は戦後のオート三輪車の生産ではダイハツを抜いてトップメーカーになり，オート三輪車の販売は好調に推移した。このため，比較的早い時期から，オート三輪車メーカーとして新しく名乗りを上げるところが相次いだ。いずれも東洋工業にとっては脅威に感じられるところばかりであった。

それでも，マツダのオート三輪車はその後もトップの地位を保っただけでなく，次のステップへの準備も怠ることがなかった。このあたりの同社の経営、とくに松田重次郎・恒次親子の明確で確固とした方針とそれに基づく行動力が並はずれていた。将来的にはトヨタやニッサンに負けない自動車メーカーになろうとする強い意志と高い目標があったからでもあった。

早くから月産500台を目標に掲げていた東洋工業は，1948年（昭和23年）の後半に

GB型をベースにして荷台を長くした仕様のLB型。積載量は750kgである。

LB型の2面図。荷台の長さは7尺あると宣伝されていた。

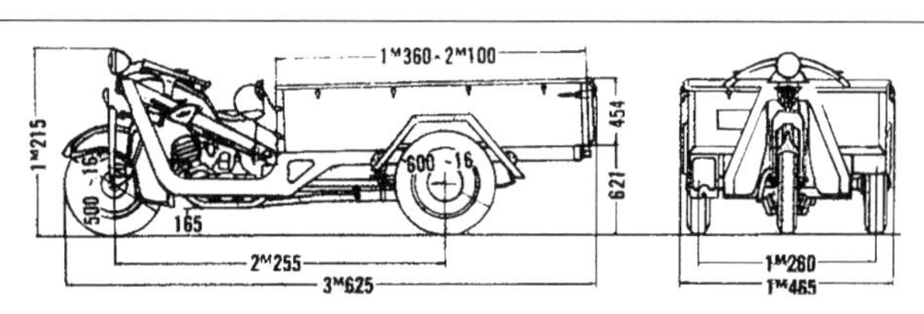

なってようやく目標を実現し，49年前半はいわゆるドッジラインによる金融の大幅な引き締めの厳しい不況により販売が落ち込んだが，後半になって盛り返して49年11月には月産800台をマークしている。トヨタやニッサンが販売の落ち込みで人員整理や賃金の引き下げなどの厳しい経営を強いられていたのとは違っていた。

マツダのオート三輪車が好調だったのは，タイミングよく新型車を投入できたからでもあった。1947年3月のオート三輪車の規定が排気量1000cc以下に改定された機会をとらえてエンジンの大きい新型オート三輪車を5月に発売している。かねてから開発していた試作車のB型である。さらに，1949年4月には750ccのGB型を登場させている。基本的にはGA型をベースにしているが，その後のマツダのエンジン技術を象徴するようにオールアルミのダイキャスト製でトランスミッションを一体化した先進的なものであった。

エンジンそのものの軽量コンパクト化により車体寸法が拡大し，積載量も多くなった。性能も15.2馬力にアップしたにも関わらず，車両価格は据え置かれた。さらに，このGB型をベースにして荷台を長くしたロングボディのLB型も翌50年に発売され，長尺ものの輸送が可能となり，積載能力が増したことでますます人気となった。

東洋工業は戦後の経済統制の撤廃を前に，オート三輪の販売網の整備拡充に着手した。その基本方針は“一県一特約店”制の確立であった。1947年（昭和22年）5月にマツダ号研究発表会をかねた特約店懇親会を開催，しかし全国的に見れば特約店のない県もまだ多かった。ライバルのダイハツと比較すると，地元の中国地方では圧倒的であっても関西や中部，関東 では劣勢であった。

こうしたハンディキャップを克服しようと1948年から滋賀県をはじめとして，九州の6県に特約店をもち，欠落していた青森や埼玉，栃木など，そして48年10月には奈良県で特約店契約を結ぶことで，一県一特約店設置計画の目標を達成，これによりマツダのオート三輪トラック販売の全国ネットワークが完成した。

販売網の確立とともに，東洋工業が力を入れたのは技術サービスの質的向上とその量的拡大だった。サービス講習会を開き，サービス技術の向上活動が実施された。

1949年（昭和24年）は，ドッジラインによる大幅な金融引き締めによる不況で，それまでの“つくれば売れる時代”から“売る努力をしなくては売れない時代”に入った。オート三輪車としての質と販売サービス体制などの優劣が，販売台数にはねかえるようになった。

輪タクに代わる三輪乗用車のマツダPB型。　1949年7月に試作されたCA型四輪トラック。

1950年から51年にかけて三輪乗用車がタクシーとして活躍。広島市内では90円均一タクシーとして市民に親しまれたという。当時，三輪乗用車の保有台数は1000台を超えていた。

1950年(昭和25年)に発売されたマツダCT型は，ユーザーが待ち望んでいた大型化・高性能タイプのオート三輪車だった。購買意欲が高まるタイミングに合わせた，スタイルや各種の機能でも先進的なものだった。左は登坂テスト風景であるが，当時はちょっとした坂も登れないのが普通だったから，その点でもすぐれたものとなっていた。下は東京での性能試験の後に広島までの陸送途中のスナップ。

1949年8月に東洋工業は「三輪車販売促進緊急対策」をたて，不況下の販売強化を期した。各特約販売店に対して，過去の実績をもとにして販売割当台数を設定すると同時に，一定の販売台数をクリアした特約店に対し奨励金を支払うことにした。さらに同年10月から月賦販売制を実施し，販売店のモラル向上が図られた。新型オート三輪の登場のタイミングの良さもあって，東洋工業は不況時にも販売を伸ばすことができたのである

6. 新しいオート三輪車の展開

小型四輪車に関しても，1950年頃から試作を開始するなど，自動車メーカーとして飛躍する意志を変わらず持ち続けている。

最初は，これから述べるCT型と同じエンジンを搭載した四輪トラックCA型を1950年6月に発売した。

ジープタイプの1トン車でトヨタの1000ccSB型トラックや850ccのダットサントラックよりも排気量が大きいにも関わらず車両価格は28万円に設定，他メーカーのものより5000円から10万円ほど安くしていた。それでもメーカーとしての実績や知名度，さらには販売力などでも太刀打ちできず，売れ行きが今ひとつだったこととオート三輪車の生産の増大に対応するために程なく中止された。

このころにオート三輪車の荷台に人が乗れるようにした三輪乗用車もつくっている。三輪トラックを改造した程度のもので，ダイハツBEEほど本格的なものではなかった

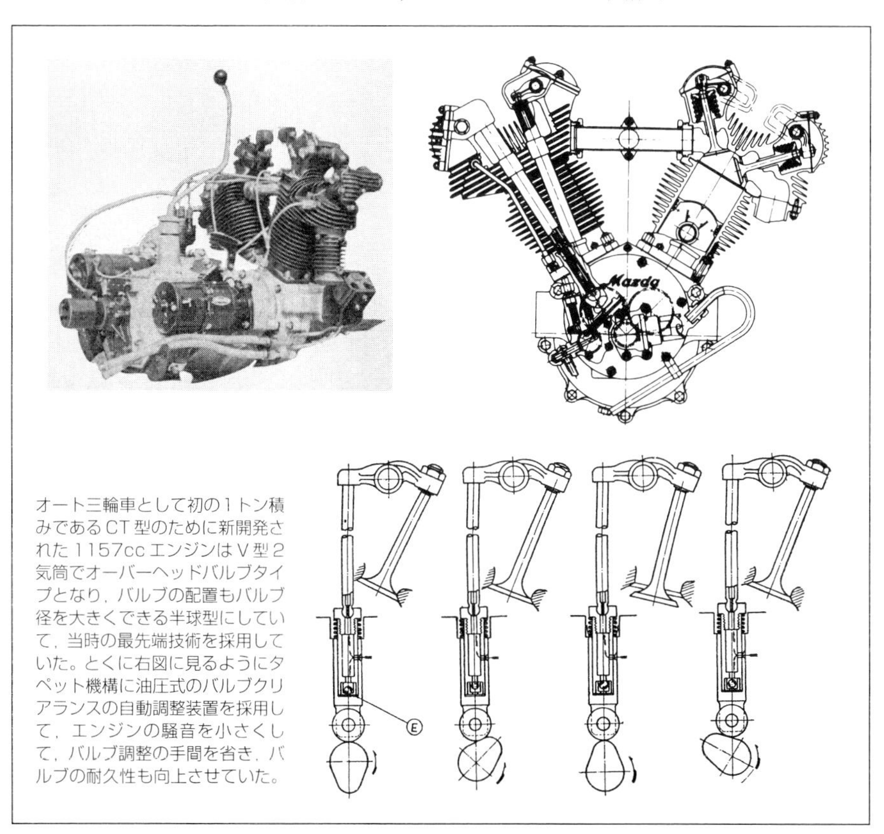

オート三輪車として初の1トン積みであるCT型のために新開発された1157ccエンジンはV型2気筒でオーバーヘッドバルブタイプとなり，バルブの配置もバルブ径を大きくできる半球型にしていて，当時の最先端技術を採用していた。とくに右図に見るようにタペット機構に油圧式のバルブクリアランスの自動調整装置を採用して，エンジンの騒音を小さくして，バルブ調整の手間を省き，バルブの耐久性も向上させていた。

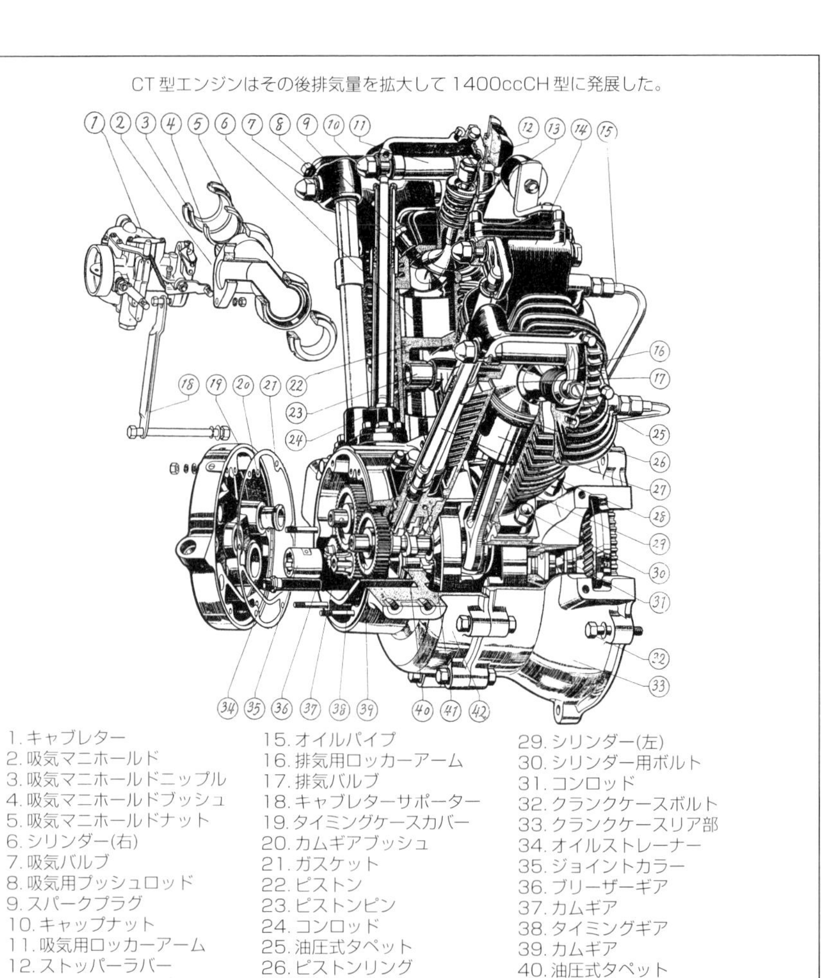

CT型エンジンはその後排気量を拡大して1400ccCH型に発展した。

が，生産累計は1952年の中止に至るまで690台に達している。しかし，これは四輪車の開発に関しての技術的な蓄積にはなっていない。

東洋工業では，オート三輪車用に早くから1000ccV型や1200ccE型エンジンの試作をしていた。販売の動向をにらんで，750ccエンジン車の投入を先にしたが，時代の進展とともにオート三輪車に対するユーザーの要求が従来と違ってきていることに対応する必要に迫られたからである。

東洋工業の企業姿勢は，常にユーザーの要求を率先して実現しようとすることで，それがもっとも顕著に現れたのが，1950年（昭和25年）に登場するCT型である。朝鮮戦争による特需で日本中が好景気になったタイミングだったこともあって，新型の登場によってマツダのオート三輪車は確固とした地位を築くことができた。

オート三輪車の大型化と快適性の追求という点で，このクルマからオート三輪車は新しい段階に入った。戦後になってからも，中小零細企業の輸送機関としてのオート

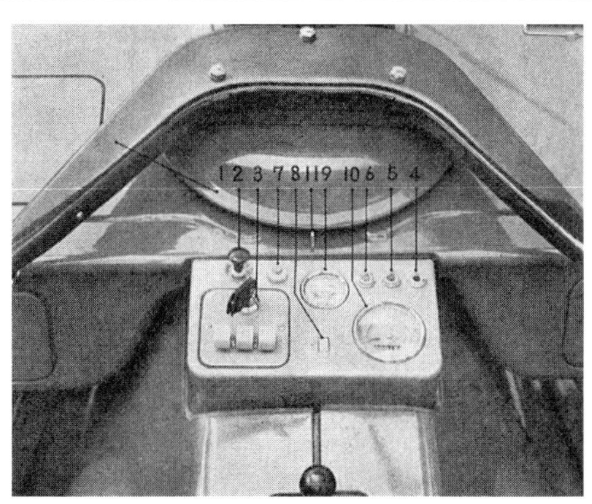

上はハンドル及びメーターパネルで，中央のふたつは運転席の両サイドの写真。番号は以下のとおり。1.ハンドルバー。2.チョークボタン。3.コンビネーションスイッチ。4.オイルプレッシャーランプ。5.アンペアパイロットランプ。6.ウインカーランプ。7.セルモータースイッチボタン。8.ウインドワイパースイッチ。9.燃料計。10.スピードメーター。11.セルフキャンセリングレバー。12.エレクトリックホーンボタン。13.ランプツイストスイッチ。14.ツイストグリップ。15.ブレーキペダル。16.チェンジレバー。17.クラッチペダル。18.ハンドブレーキレバー。

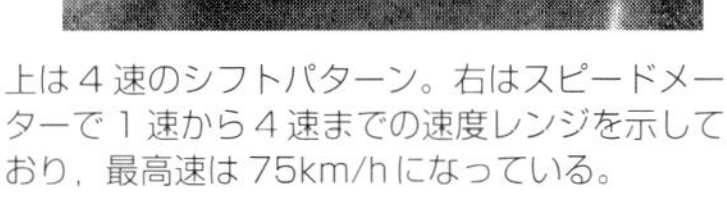
上は４速のシフトパターン。右はスピードメーターで１速から４速までの速度レンジを示しており，最高速は75km/hになっている。

三輪車の需要は伸びるばかりであったが，性能や乗り心地が改善されることで，さらに需要は高まり，本当の意味での最盛期を迎えることになる。

9月に発売されたCT型は1157ccの空冷2気筒オーバーヘッドバルブエンジンとなり，出力も32馬力という驚くべき性能であった。しかも1トン積みというかつてない積載量を誇った。いよいよオート三輪車の大型化が始まった。

このエンジンは，当時の国産乗用車エンジンと比較して，多くの先進性をもっていた。トヨタもニッサンも小型車用は直列4気筒エンジンではあったが，サイドバルブ方式の旧型エンジンを搭載していたにも関わらず，マツダのエンジンはオーバーヘッドバルブタイプで半球型燃焼室に近い蒲鉾型をしており，バルブの開閉のためにカムがタペットをたたく音をなくすために油圧式のバルブクリアランス自動調整装置を備えた先進的技術を採用したものだった。

オート三輪車の場合は空冷エンジンを露出させて積んでおり，エンジンの騒音が直に伝わるから，これを小さくすることは重要だった。

また，エンジンの振動が車体に伝わりにくくすることは，車両の開発にとっては大きな課題であるが，オート三輪車はおろか乗用車のエンジンでもようやく検討され始めたこの時期に，マツダではエンジンのマウントにゴムブッシュを用いている。エン

CT型の荷台を大きくしたCTL型。

ＣＴＬ型からモデルチェンジされたCTA型。

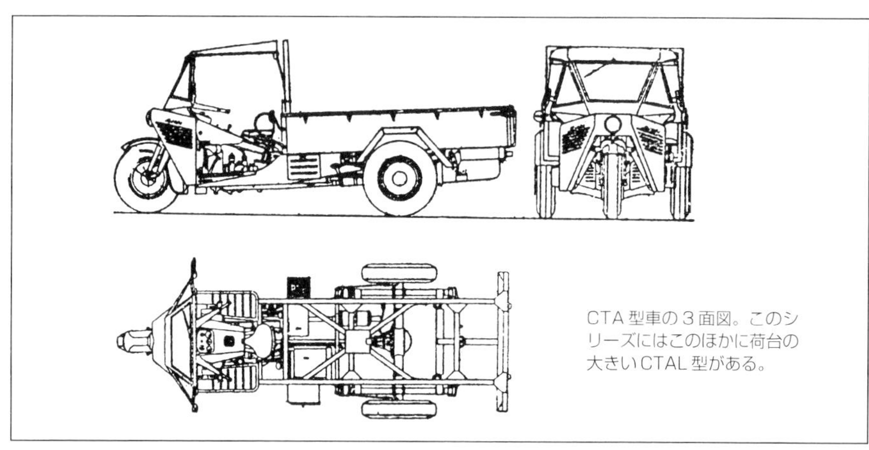

CTA型車の3面図。このシリーズにはこのほかに荷台の大きいCTAL型がある。

G型とCT型の中間車種として誕生したCLY型。

1951年にGB型のモデルチェンジで生まれたGCZ型。

ジンの振動を緩和するのにゴムを利用することは有効であるが，その耐久性や操縦性との関係で，実用化するのはむずかしいと考えられていた時代に，ゴムブッシュによるマウンティングに踏み切り，振動の軽減を図ったのだ。

マツダオート三輪車の先進性は，これだけではなかった。戦後のオート三輪車は風防が備えられるようになってきたが，雨が降れば合羽は必需品であった。オート三輪車はそれが当たり前であると思われていたが，このクルマでは運転手の快適性が考慮された。単なる風防から一歩進んで，ウインドシールドに合わせガラスを用い，安全性を図った上にシート地の幌をこれにつないで屋根を装備したのだ。しかも特筆すべきことにインダストリアルデザイナーの小杉二郎氏に依頼してデザインしてスタイルを決定している。直線的なラインを基調にしたマツダのオート三輪車は，走っていても一目でそれとわかるもので、実用本位だけで充分と思っているオート三輪メーカーとの違いを見せつけた。

一連の開発の指導をしたのは，松田重次郎氏の娘婿となった村尾時之助氏で，義兄にあたる1952年に社長に就任する松田恒次氏とのコンビによる開発だった。戦後の東洋工業の技術のもとをつくったのは村尾氏だといわれており，東京から離れた広島にあるハンディキャップを補うために人材を積極的に集める努力をするだけでなく，小型自動車工業界の理事長を務めるなど，業界人としても活躍して，東洋工業の発展の基礎をつくった一人である。とくに技術的に進んだことを率先して採り入れる姿勢を示し，販売が好調になると保守的な経営姿勢になりがちなものだが，東洋工業が絶えず先進的な技術導入をする原動力となっていた。

エンジンマウントにしてもウインドシールドにしても，量産車に採用して実用化するには信頼性を確保するためのテストが必要で，経営陣の強い意志がなければ不可能なことである。テスト中にガラスがはずれたり，エンジンマウントのゴムが偏摩耗したりと，問題が起こるのは当たり前の時代のことで，なにが何でもものにするという首脳陣の強い決意に支えられて実用化したものである。この時代の東洋工業のトップダウンによる方針がうまくいっていたのだ。

当然のことながら，この先進的なオート三輪車がその後のスタンダードになり，方向を大きく決めた。他のメーカーはマツダを追いかける立場になり，マツダは業界をリードするメーカーとしての地位を確保した。

1951年（昭和26年）9月には，荷台を大型化したCTL型が登場，小型四輪車は車両寸法に制限が設けられていたが，小型三輪車には車両寸法を制限する規定がなかったので，思い切って拡大して全長4800mm，荷台の長さが3メートルにも及ぶものになった。1952年7月にはさらに大型化され，2トン車が登場するが，これも東洋工業が先鞭をつけたものだった。

その後も荷台の大型化が進んだが，1955年になって運輸省は，現在生産されている最大の小型三輪トラックの大きさを超えてはならないという通達を出すことによって，大型化に歯止めがかけられた。このときの最大の寸法は6.09メートルの全長で，全幅は1.93メートルであった。

7. 生産設備の革新と販売好調の好循環

販売台数の上昇にともなって，組立工場の拡張が図られたが，新型車の登場とさらなる生産台数の増大のために工場や生産設備の抜本的な改革が必要となった。

1952年（昭和27年）7月に従来のオート三輪トラックの生産工場を抜本的に再編成する計画が実施された。

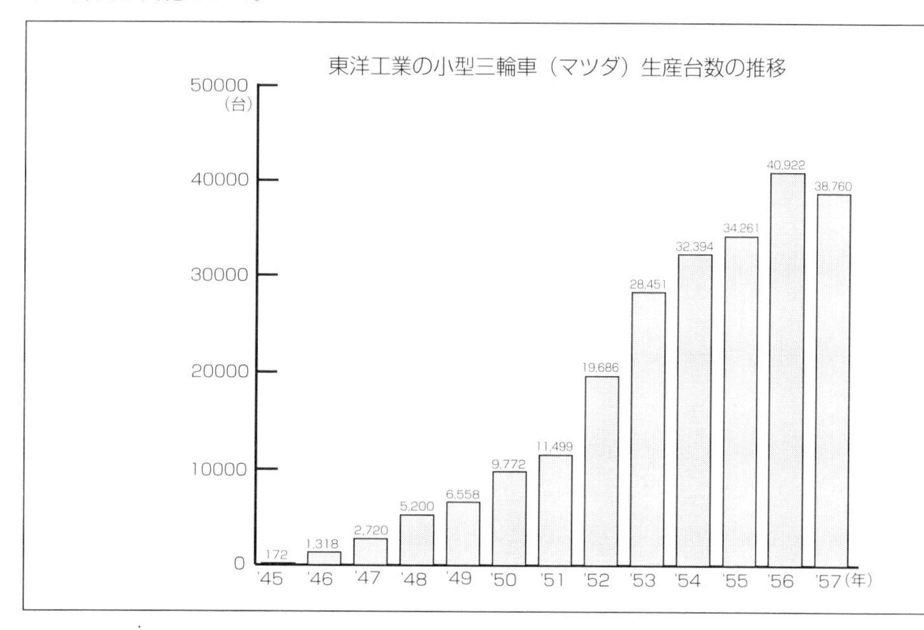

新しくなった塗装工場。

生産性が向上した車体組立工場。

エンジン組立工場，車軸組立工場，車体工場，塗装工場，車両組立工場という全生産工場の大規模な移転・拡張工事が開始された。総合的な流れ作業方式の確立と工場配置を集中して運搬工程の節約を図るなど，生産効率の大幅な向上がめざされた。生産効率をよくすることは東洋工業の戦前からの方針であり，その蓄積の上に立った新システムが構築された。品質の均一化はもちろん，合理的な生産工程と無駄の排除でロスを最小限に抑えるシステムとなったのだった。

1953年3月にこの新生産工場の全工程が完了，2万5700㎡の新工場が稼働した。これにより月産1500台だった生産能力は一挙に3000台に引き上げられた。工場間の運

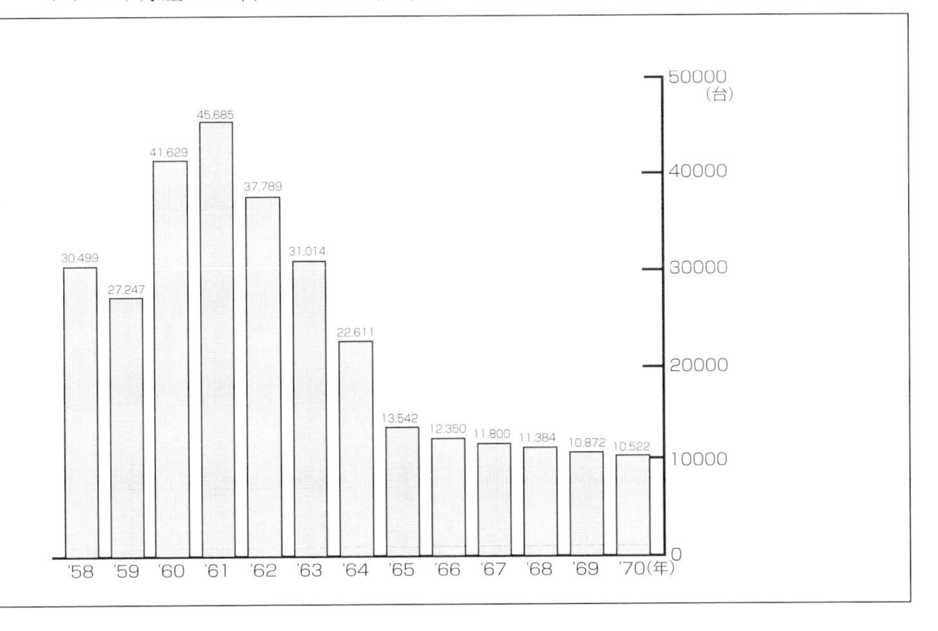

1952年(昭和27年)に挙行された広島-東京間ノンストップ走行中のマツダ2トン積みCTL型車。

ノンストップ走行のゴールシーン。

53年に行われた金語楼による三輪栗毛(東京銀座日劇前)。

搬距離の短縮,ベルトコンベアやモノレールによる工場内運搬作業の合理化が図られ,とくに塗装部門では従来のラッカー塗装と自然蒸発乾燥方式から,メラミン合成樹脂塗装にし,乾燥は赤外線焼付方式にすることで短縮と質的向上が達成された。これらにより,コストダウンが図られ,一段と競争力を増すことができたのである。

機械設備も従来の汎用機械中心から,生産体制を確立するために専用機械が新設された。戦前からすぐれた高価な機械類を導入していた東洋工業では,その伝統の上に立って生産性の大幅な向上のために工場の拡張とともに欧米の優秀な工作機械が輸入された。大幅な設備投資により量産効果を上げられる体制となったのだ。

さらに1954年には,アメリカの会社と製造技術に関する技術援助契約を結んで,新技術を導入している。均質な製品と精度の向上,さらには大量生産によるコスト低減などの利点のある鋳造技術であるシェルモールド法を導入することになった。先進技術を生産設備でも率先して採用したのだ。また,耐久性・信頼性の向上のために不可欠の熱処理に関する技術革新が図られ,そのための投資が行われた。

販売が好調なために,思い切った設備投資が実施され,それによって品質の向上と量産効果によるコストダウンが図られ,ますます競争力のある製品をつくることが可能になった。

販売が好調になってから，東洋工業では設計や研究に携わる技術者3名が一組になって各地の販売店やユーザーの巡回サービスを実施している。PRを兼ねて市場調査するもので，技術者の視野を狭くしないように実際にどのような使われ方をしているかを知る機会でもあった。積載量が1トン以下と決められていても，それを守ろうとするよりも少しでも多く積むことを考える時代であったから，積載オーバーは当たり前で，マツダも2トン積みを出すに当たっては，過剰積載した使われ方をしてもトラブルが起こらないように頑丈にしていた。

1952年10月にはこの2トン積みCTL型オート三輪車の発売に先立って，広島－東京間の約1000㎞の長距離ノンストップ走破というデモンストレーションを実施した。日本で最初の2トン車の信頼性と性能の良さをアピールするための企画だった。

国道といえども舗装されているのは町中の限られたところだけで，未舗装の凸凹道を走る過酷なものであったが，給油中や運転手の交代時もエンジンは回転させたままだった。“広島－東京間を何時間何分で走破するか”という懸賞募集をして一般の関心を集めた。

1952年10月6日未明に広島市相生橋を出発し，山陽道を時速60㎞で走り，夕方には雨にも降られたが，東京駅の八重洲口のゴールに31時間16分かけて無事到着した。

1953年には落語家で当時の人気者であった柳家金語楼を起用して“広島・東京間の三輪栗毛”のイベントを挙行した。

これはノンストップ走行とは異なり，一行が各地の特約店をまわってPRしながらの

いずれも2トン積みであるが，上はCHATB型，下はCHTAS型で細部の仕様は異なるが，全体のイメージは統一されている。

1955年型GDZA型から二つ目ライトになり，セルモーターがつけられた。

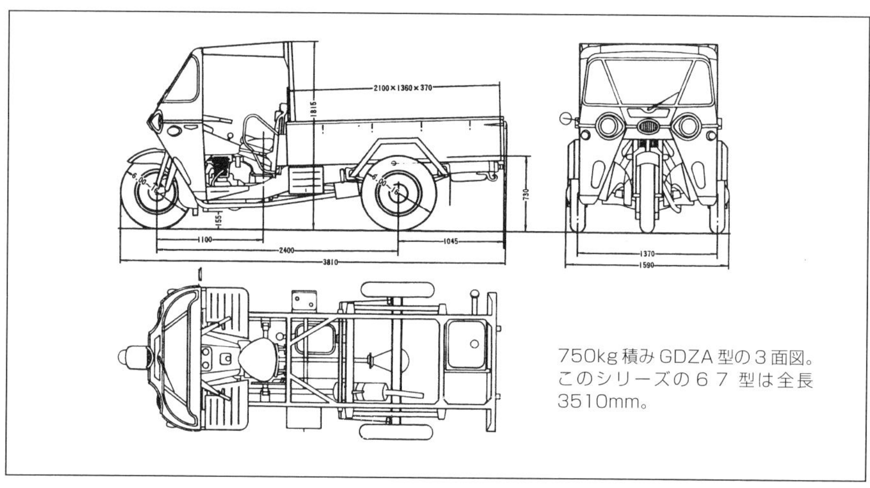

750kg積みGDZA型の3面図。このシリーズの67 型は全長3510mm。

ドライブであった。当代随一といえる落語家で喜劇役者でもある金語楼がくるとあって，行く先々では大変な人が押し寄せて，現在のテレビなどより宣伝効果は大きかったようだ。広島から東京まで10日ほどかかって到着したが，ときどき金語楼もハンドルを握ったという。

こうしたイベントも技術者が参加し，“専門バカ”にならないような配慮がされ，同時にオート三輪車の操縦性という論文で自動車技術会の技術会賞を取るなどアカデミックなムードもあった。

ボア90mm，ストローク110mmの空冷単気筒700cc，17馬力。エンジンとミッションは，それまでのギアなどによる伝導から単板クラッチを介して直結したものとなった。

1955年型から荷台を低くして3方開きを採用，荷物の積み下ろしが楽になっている。

8. オート三輪車の高級化

1954年（昭和29年）10月に東洋工業はオート三輪の全車種をモデルチェンジした。注目されるのは，700ccGDZA型，905ccCLY型，1400ccCHTA型のすべてを同一のデザインで統一し，ひと目でマツダ車であることを強く印象づけるスタイルになったことだ。とくにフロントスタイルは特徴的で，イメージを一新したものだった。小型四輪乗用車でもまだ採用していないサイドウインドを曲面ガラスにして，広い視野とゆったりとしたキャビンスペースをつくっており，大型車のみで採用していた2ライト式やセルモーターも全車種に採用された。運転席も幌型から鋼製キャビンになり，オート三輪車としての快適性が一段と向上した。

1957年型から丸ハンドル式になった。

エンジンはゴムブッシュでマウントしている。

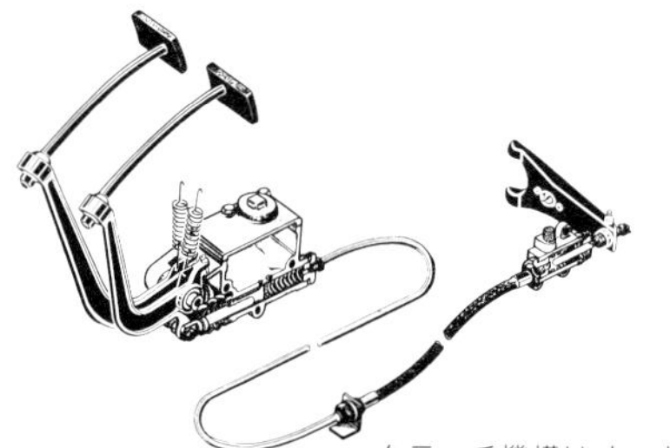

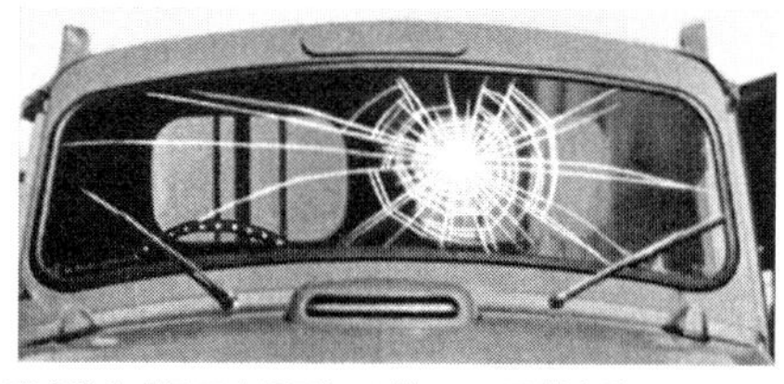

安全強化ガラスを採用してガラスの飛散を防いでいる。

クラッチ機構はオート三輪車では画期的なオイルプレッシャーコントロール式にしてスムーズな操作を可能にした。

1957年1月にマツダ車の生産累計が20万台を達成，記念のオート三輪車のラインオフが盛大に祝われた。

1956年（昭和31年）8月にはエンジンが改良された。オートクール装置付きとPRした自動強制空冷式にしてエンジンのロスを小さくし，双胴式キャブレターにすることで混合気の各気筒への均一配分を図り，性能と燃費の向上がめざされた。これにともなって，外観は変わらないがGDZA型がGLTB型に，CLY型905ccが1005ccのCMTB

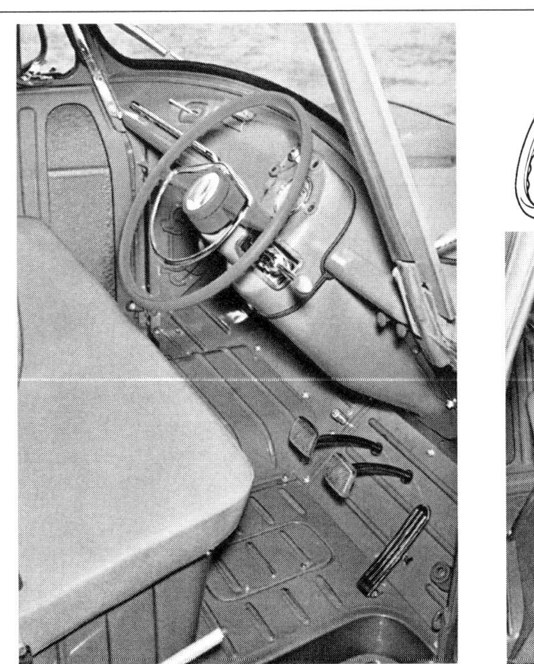

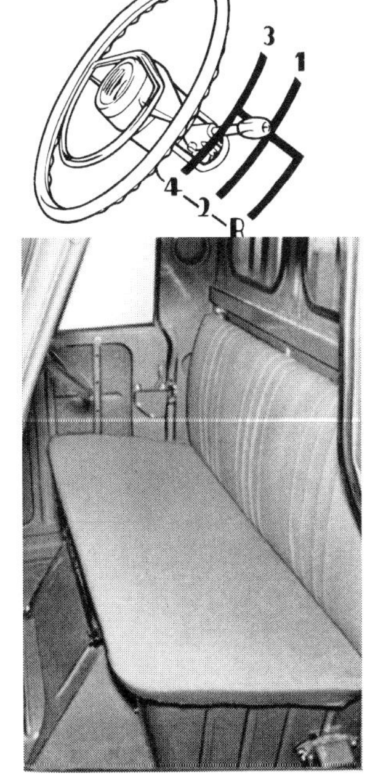

丸ハンドルになるとともにシフトも当時の乗用車と同じコラム式になっている。

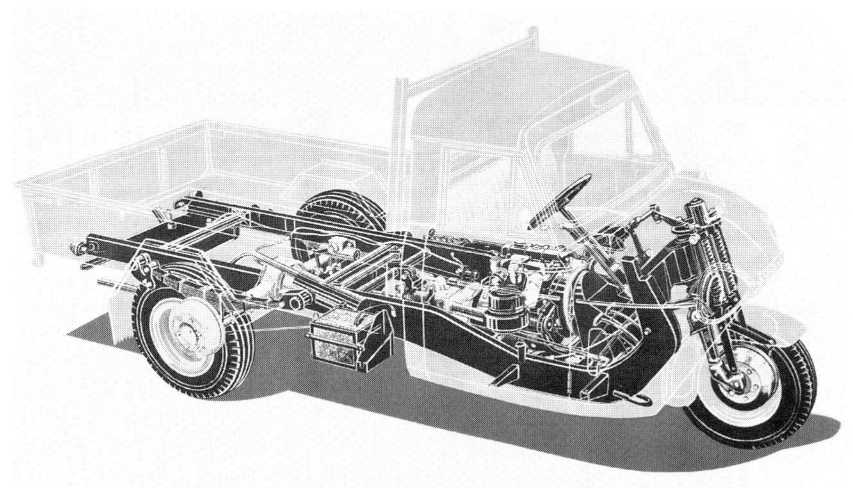

直列４気筒エンジンを搭載したT1100型は，標準タイプとロングスペースタイプとがある。

型となり，CHTA型はCHATB型に改められた。このCHATB型1400cc2トン積みは，1957年8月にはバーハンドル式から丸ハンドル式に改められHBR型となり，同年11月にはCMTB型も丸ハンドル式のMAR型となった。

これによりキャビンは荷台から完全に切り離され，サイドウインドには三角窓もとりつけられた。また，当時のセダンで流行しはじめたコラムシフト（リモートコントロール式ハンドルチェンジ）方式が採用されることで，キャビンはセダンと同じムードになっている。

前述したように，1957年にはセミキャブオーバータイプのトヨエースなど廉価な小型四輪トラックの販売が伸びてオート三輪車のシェアがおびやかされるようになったことにいち早く反応して，ダイハツが軽三輪トラックのミゼットを1957年に発売した。次いで東洋工業でも空冷4サイクル356ccで300kg積みのK360を1959年5月に発

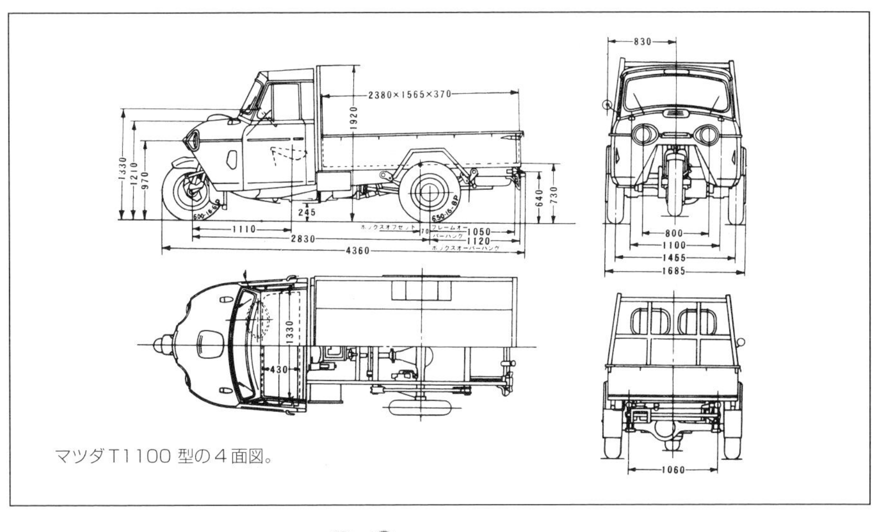

マツダT1100 型の４面図。

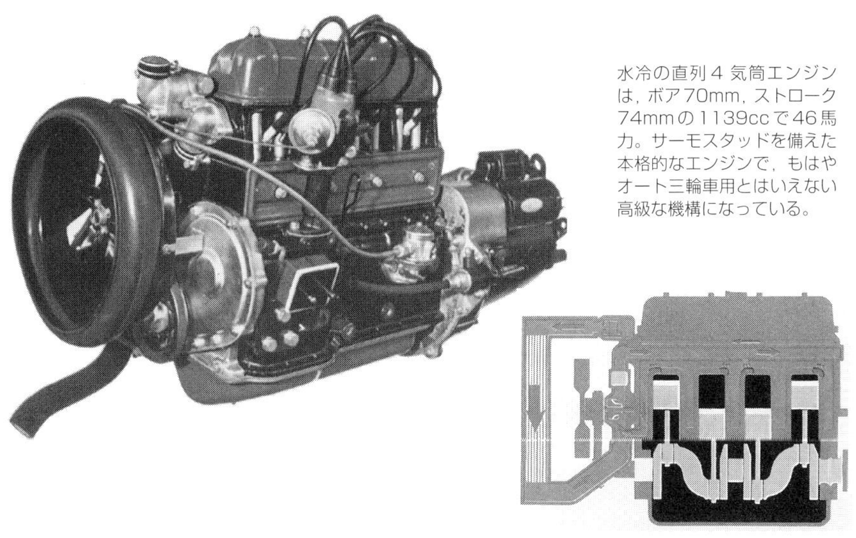

水冷の直列４気筒エンジンは，ボア70mm，ストローク74mmの1139ccで46馬力。サーモスタッドを備えた本格的なエンジンで，もはやオート三輪車用とはいえない高級な機構になっている。

売した。必ずしもオート三輪ユーザーをひきつけるものではなかったが，かつてのオート三輪がもっていた利便性に手軽さと経済性を加えたもので，またたく間に新しい軽三輪トラックの市場が形成された。ミゼットとともにマツダK360がこの市場のけん引力となり，大いに販売を伸ばした。

東洋工業は，軽三輪トラックでは後発となったが，逆に遅れた分だけ機構的にも性能的にも，また外観の洗練度でもすぐれたものにすることで，この分野でもリードす

軽三輪トラックの分野でダイハツミゼットと人気を2分したマツダK360。エンジンはV型2気筒11馬力，積載量300kgだった。

下は軽三輪のマツダK360をベースにしてつくられたT600。エンジンや車両サイズを拡大して小型車枠のオート三輪車にしているが，とりまわしやすさや手軽さで販売を伸ばした。積載量500kg。

る勢いを見せた。

さらに，K360に続いて同じスタイルで空冷577ccエンジンを搭載した小型三輪トラックT600をK360より1ヵ月遅れて発売している。オート三輪車の大型化・高級化が図られるなかで，本来の利便性を新しい技術とスタイルでとり戻そうとしたもので，

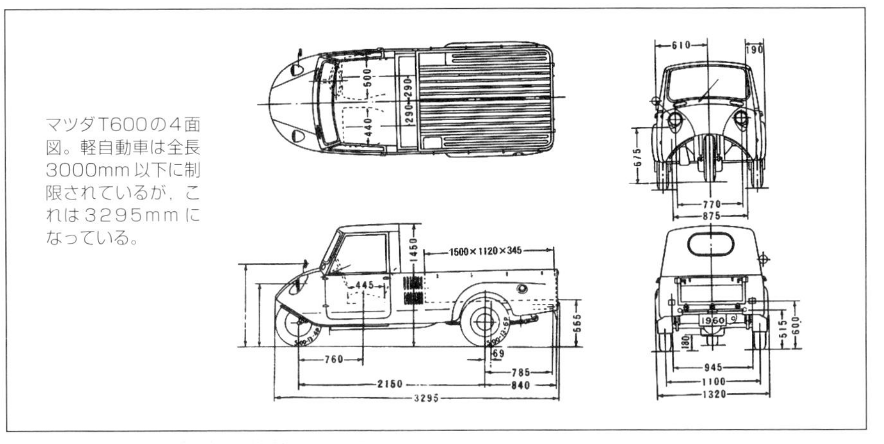

マツダT600の4面図。軽自動車は全長3000mm以下に制限されているが，これは3295mmになっている。

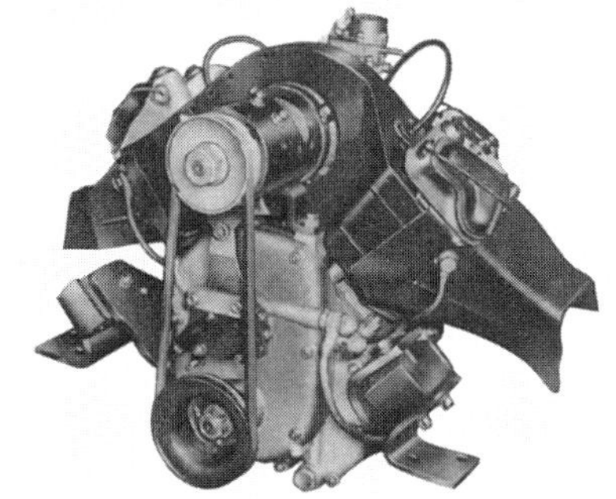

軽三輪用エンジンと同じ強制空冷のV型2気筒でボアを55mmから70mmに広げて577ccにしている。20馬力で，最高速は75km/hである。

エンジンはキャビンの背後に格納されているから，ミッドシップタイプということになる。メンテナンスしやすいように上蓋が開けられるようになっている。もちろん丸ハンドルでこのサイズにしては2人が楽に乗れるようになっている。

K360とともにオート三輪車であるT600はヒット作となった。

小型四輪トラックの攻勢に対しても，東洋工業は他のオート三輪メーカーでは見られない柔軟で積極的な姿勢で反応している。

同年10月には，MAR型及びHBR型という空冷エンジン搭載のオート三輪はいずれ

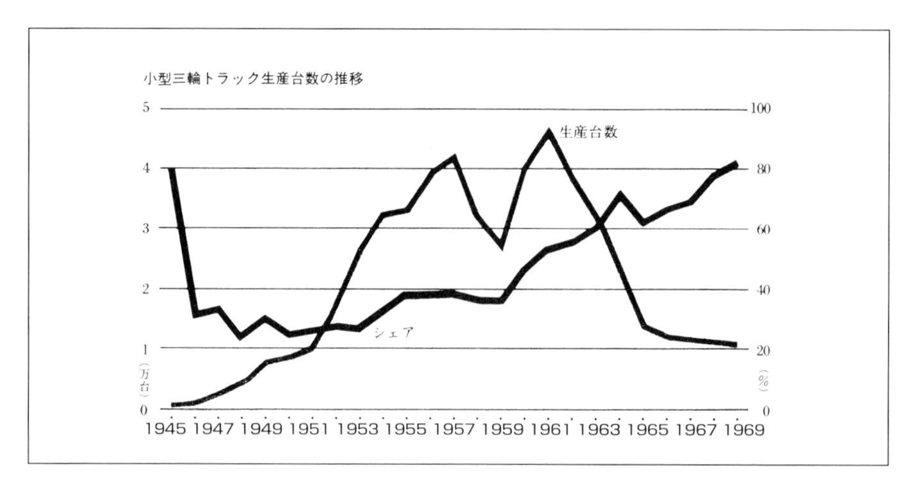

も水冷エンジンに切り替わり，T1100型及びT1500型となった。

この水冷エンジンはこの年3月に発売されたD1100型及びD1500型という小型四輪トラックに搭載されたエンジンと同じものだった。これらT600，T1100，T1500というマツダのオート三輪シリーズは，スタイルでも性能でも三輪トラックとしては究極のものといえる。

他のオート三輪メーカーが小型四輪トラックと軽三輪及び軽四輪トラックにはさまれる形で生産台数を大きく減少させたのに対して，東洋工業は逆に1961年には4万5685台と最高の生産台数を記録している。しかし，さすがにそれ以降のオート三輪の生産は減少しているが，東洋工業のシェアは断然トップとなり，1970年代前半までオート三輪の生産を続けている。

マツダの本格的な小型四輪トラックであるD1500は2トン積み60馬力のエンジンだった。

1960年代に入ってのマツダのオート三輪車及び小型四輪トラックの特装車群。

9. マツダの小型四輪トラック及び乗用車の開発

戦後最初の小型四輪トラックの開発では失敗したものの，東洋工業は1956年（昭和31年）秋から再び四輪トラックの開発計画をスタートさせた。将来へ向けて，オート三輪メーカーからの脱皮を図るためであり，四輪メーカーからの攻勢に対抗するためでもあった。今度はオートクール方式の空冷1105ccエンジンを新開発32.5馬力のDMA型小型四輪トラック“ロンパー”が1958年4月に発売された。セミキャブオーバー型で1トン積み，3人乗りだった。

オート三輪車の開発で培った技術を生かし，耐久性のあるものになっており，発売の3ヵ月後には目標の月産500台の水準に達したが，パワー不足など小型四輪トラックのユーザーにはまだもの足りなさのあるものだった。

これに応えて東洋工業は1958年7月に1.75トン積み1400cc42馬力DHA型を発売したが，一方で水冷エンジンの開発を進めた。

オート三輪では空冷エンジンはハンディキャップとはみられなかったが，四輪になるとエンジンの騒音が気になるもので，性能向上の要求に応えるためにも水冷エンジンにすることが重要になると判断したためだ。

水冷4気筒OHV1139cc46馬力の1トン積みD1100型，同じく水冷4気筒OHV1484cc60馬力の1.75トン積みD1500型に発展した。

オート三輪メーカーとして，常に新しい技術を導入し，技術発展を期して業界をリードしたマツダの開発力の蓄積が小型四輪トラックへの参入でも生かされたのだ。将来を見すえたマツダの車両開発能力は，水冷エンジン搭載の小型四輪トラックの完

1960年当時の自動車の走行風景。先頭を走るのは東洋工業の最初の軽乗用車であるマツダR360。

マツダはロータリーエンジン車の開発で，四輪車の分野で確固とした地位を築こうとした。

成によって，従来からの四輪メーカーに引けを取らないことが実証された。

マツダの四輪車の開発で注目されるのは，やはり軽乗用車であろう。オート三輪車メーカーというイメージが非常に強かったから，乗用車への進出は身近なユーザーに直結した手軽なムードを持つクルマからスタートしないと受け入れられない感じがあった。

ユーザーというのは驚くほど保守的で，新しいものには簡単に飛びつかないものなのだ。ホンダがF1に挑戦したようにとんでもなく効果的なイベントでアピールでもしない限り，既製のメーカーの仲間入りを果たすには時間と実績が必要であった。

そろそろ自分のクルマがほしいという切実な思いをもっている，富裕ではないが，ある程度の収入がある人たちをターゲットにした360ccV型2気筒エンジンのマツダR360が発売されたのは1960年のことで，この後に直列4気筒360ccオールアルミエンジンのマツダキャロルのヒットで，東洋工業は念願の四輪乗用車メーカーの仲間入りを果たすことができた。

そして，バンとワゴンからスタートしたファミリアシリーズで小型四輪車部門に本格的に参入し，新興自動車メーカーの中では勢いを感じさせる企業になっていた。しかし，1960年代に入ると，貿易の自由化に対処するにはトヨタとニッサン以外のメーカーを排除しようという通産省の行政指導が強められ，中央から離れた地域を本拠地とする東洋工業は苦しめられることになる。

そこで，トヨタやニッサンにもない技術として将来が有望であると思われたロータリーエンジンの開発に社運をかける道を選択した。

オート三輪車メーカーとして常に先進的な技術を実用化し，国産メーカーには負けないだけの技術力と情熱があるという思いと，独自性を発揮する以外に生き残りを果たせないかもしれないという思いが強かった。

困難なロータリーエンジンの実用化に成功し，評判もよかったが，四輪メーカーとしての地保を確立した東洋工業にとって，思わぬ事態で足もとをすくわれた。1973年に起こったオイルショックで，燃費のよくないロータリーエンジンは一気に評価を落としたのだ。

このダメージから立ち直るのに時間がかかったが，常にユーザーの身近な要求に応える合理的で実用的なクルマづくりの伝統が生かされ，1970年代の終わりから再び活動が活発となった。このときのファミリアのヒットはオート三輪車時代のマツダのクルマづくりの伝統に立ち返ることで生まれたものであるといえる。

T2000。水冷直列４気筒 VA 型 1985cc，81 馬力エンジン搭載。

戦前からの伝統を誇るくろがね

(日本内燃機)

1. ニューエラの登場

ダイハツやマツダと並んで，日本内燃機のくろがねは戦前からのオート三輪メーカーの御三家のひとつである。会社の設立は発動機製造（ダイハツ）や東洋工業（マツダ）に比較すれば新しいものの，オート三輪メーカーとしては両社よりも先輩である。しかし，企業の規模としては長い伝統と実績を持つダイハツとマツダには一歩譲らざるを得ないところがあり，企業の方針や経営のあり方もダイハツやマツダほど確固としたものではなかった。それは個人の技術的能力を中心に，それを大きなバックが支援する形で組織がつくられたためでもあった。

日本の自動車の歴史に登場する技術者たちの系譜は，その後のメーカーの動向に関わることがあり，培った技術が別の組織で花咲き受け継がれていく。トヨタやニッサンも，スタートとともにすべてが新しく誕生したのではなく，それまでの自動車の歴史の流れを受け継いでおり，伝統と無縁であったわけではない。

先駆的な自動車メーカーとしてその名を残している脱兎号の快進社も，オートモ号の白楊社も，時代が早かったが故に困難な道を歩まざるを得なかったものの，その後の自動車メーカーの動向に与えた影響は決して小さくない。脱兎号は日本の小型自動車の代表となったダットサンとつながり，ニッサンの自動車づくりの源流としての地

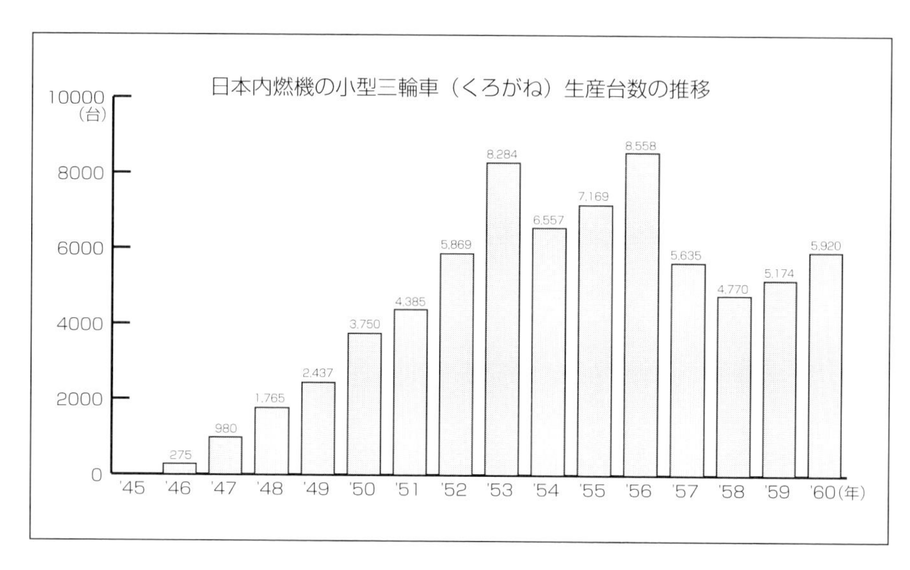

位を保っているし，トヨタ自動車の初期のクルマの開発に深く関係した技術者には，白楊社で働いていた経験のある人たちが何人もいる。

まだフォードもゼネラルモータースも日本に組み立て工場を建設する前の時代には，日本でクルマをつくることは事業として成り立つかどうかもわからないものだった。しかし，いつの日か日本人もクルマのある生活をするようになるし，そのためにはその技術を自分たちが日本に根付かせなくてはならないという使命感と情熱と野心に支えられたものだった。しかし，こうした活動も，量産体制を確立したアメリカの巨大メーカーが,工場と販売網までつくって日本で製造から販売まで始めることによって，挫折せざるを得なかった。

白楊社でクルマの開発に携わっていた蒔田鉄司氏は，独立を決意して新しい出発を図ることになった。それが，後のくろがねにつながっていくことになる。

白楊社自身も，三井財閥の大番頭の息子であった豊川順彌氏が，父の資産をもとにつくった企業で，成算があって興したビジネスといいうより，好きなクルマづくりをしたいという止むにやまれぬ気持ちからスタートしたものである。エンジンからボディにいたるまで完全に国産車として完成して注目されたものの，アメリカのメーカーが上陸してきて，価格的にも技術的にも太刀打ちできずに，たちまち窮地に追い込まれ，結集した技術者たちは，散り散りにならざるを得なかったのだ。

白楊社で製造部長としてオートモ号などの開発に深く関わった蒔田鉄司氏は，1926年（大正15年）に自らが主宰する秀工舎を設立して，国産オート三輪車の生産に乗り出した。

この2年前に無免許で乗れる小型自動車に関する法令が定められ，フォードやシボレーのような普通車とは区別されることになり，オートバイから発展した動力付きの三輪車が走るようになったところだった。エンジン排気量は350cc以下で，3馬力までで全長も8尺、つまり約2.4メートル以下というものであった。この車両サイズでは，四輪車をつくるのは無理な規定だった。

この規定が作られる以前から，オート三輪車が走るようになっていたが，この規定によって，オート三輪車が自動車として認められたことになり，さらに注目を集めるようになってきたのだ。

当時のオート三輪車に搭載されるエンジンは海外から輸入されるもので，車体も溶接したフレームのシンプルなものだった。小さい工場でたいした設備もなく製作されていたから，自動車の開発から生産に関わった蒔田鉄司氏にしてみれば，既存のオート三輪車よりもすぐれたものをつくるのはむずかしくないと考えたとしても不思議ではない。自動車は工作機械から材料に至るまで，精密で加工や仕上げも厳密にやる必要があり，部品点数も多く，かなりの資本力がなくてはできないものだが，オート三輪車はそこまでのものではなかった。技術力があれば，既存のものより性能のよいオート三輪車を開発するのは可能で，充分に太刀打ちできるものだった。

そうはいっても，エンジンから車体まですべて国産にするには時間も費用もかかる。そこで，最初は既存のメーカーと同じように，当時かなりな数が輸入されていて比較的入手しやすいイギリス製のJAPエンジンを使用したオート三輪車をつくりあげた。このJAP製エンジンを搭載した蒔田氏による最初のオート三輪車は，翌1927年に内務省による認可を受けて，無免許で乗れるものであるという許可が与えられた。

どのような試験だったのかは不明だが，動力付きの乗りものに対しては，安全性の点でそれなりの水準に達している必要があったからだ。

このオート三輪車は“ニューエラ”と名付けられて販売された。日本は欧米の技術に学ぶ時代だったから，ハイカラなものはカタカナが使われることがよくあったが，このネーミングは新時代の到来をイメージさせる乗りものとしての意味と同時に，それまでのオート三輪車とは技術的にも一線を画するものであるという自負があったようだ。もちろん，経営が順調にいけば，エンジンも自分の手で開発したものを搭載する計画だった。

2. 新しい組織で国産エンジンの開発に着手

予想通り蒔田氏のつくったニューエラ号は好評だった。しかし，このオート三輪車の製造を続けながら，販売に関しても目を向けなくてはならず，そのうえにエンジンの開発をするとなると，簡単なことではなかった。

そんなときに，日本自動車株式会社から提携の話が持ち込まれた。日本自動車はハーレーダビッドソンの輸入を中心にして経営する，大倉財閥の資本系列の企業で

1928年(昭和3年)に日本自動車として製作した350ccのニューエラ三輪車。

あった。もともとオートバイやクルマの好きな大倉喜七郎氏は，財産を築いた父の時代から美術の収集を趣味とし，自動車が好きな親子であったようだ。道楽的な面のある企業として自動車の販売にも手を染めて，明治時代から日本自動車が運営されていた。新しい時代の到来とともに事業としても有力なものになるという読みもしていたであろう。

その日本自動車の主とする仕事であったハーレーダビッドソンの販売権が，三共商会の専有になったことで，企業としての中心がなくなってしまったのだ。それに代わるものとして，蒔田氏の秀工舎に提携を申し入れるという経緯があった。

大きな資本による裏付けができれば，蒔田氏は車両開発とエンジンの開発に専念することが可能になるから，提携の話はすんなりと成立した。個人の力でやっていては，エンジンの開発から完成までには相当の時間がかかり，オート三輪車を生産し販売していくためには，組織強化が必要だった。

社長には，大倉男爵の眼鏡にかなった石沢慶三氏が就任したが，その後石沢氏はニッサンに転じ，ダットサントラック販売の社長となり，ダットサンの販売に活躍することになる。戦後も東京日産の監査役を務めている。

蒔田氏を中心とした事業は，大倉財閥の資本が入ることによって，企業としての体裁を整え，新しい時代のオート三輪車メーカーとして活躍する基盤ができた。しかし，ダイハツやマツダと比較すると，企業としての近代性は低いと言わざるを得ない。

機械工業としての事業は，設備や開発する製品の将来性に対する見通しなど，経営の根幹に技術的な見識と果敢な方針を立てて前進する行動力が要求される。自動車やオート三輪車のように競争が激しく技術的な進化を求められる分野においては，とくにそれがいえる。ダイハツやマツダは，オート三輪車メーカーとして名乗りを上げる前からそうした意味での実績を持った企業であった。

その点，技術力のある蒔田氏を中心として，経営は大倉財閥の企業が引き受けることになる日本自動車，のちの日本内燃機は，販売の経験しかなく，新しい時代に即応した方針を打ち出すことができる体制ではなかった。優秀な技術者にスポンサーがついてクルマを開発するという，産業として成立する以前の企業形態に近い側面をもっていたといえる。その体質は，戦後になって蒔田氏が去った後も残っていたようで，結果として新時代に対応した施策を打ち出せないままに姿を消していかざるを得ない悲劇があったのだ。

しかしこの時点では，まだダイハツもマツダもオート三輪車に参入していなかったから，新生の日本自動車は，それまでのオート三輪車メーカーに比較すると，資本力でも技術力でも他を圧倒するだけの企業として出発したのである。

蒔田氏の技術力は，エンジンの開発で実証された。小型車用エンジンとして単気筒の空冷4サイクルのサイドバルブ350ccエンジンが早くも1929年には完成し，同時にオートバイ用の2サイクル空冷250ccエンジンもつくっている。オート三輪車メーカーとしての活動を続けながらも，これらのエンジンを各メーカーや販売店に売ることも考慮していた。

白楊社時代には水冷の直列4気筒エンジンを開発した経験がある蒔田氏には，オート三輪用のシンプルなエンジンをつくるのはたやすいことに思えたかもしれないが，四輪自動車用エンジンの特質とオート三輪車用エンジンの特性の違いをよく理解していたことが，このエンジンの成功をもたらしたといえる。

自動車エンジンのようにボンネット内に納められるのとは違って，オート三輪のエンジンはむき出しのまま風雨にさらされるから，トラブルや摩耗が激しくなることが予想されるが，乱暴な使い方をされても壊れないようにする必要がある。そのために機構がシンプルになる空冷式にして，圧縮比も4.5と低めに設定している。性能を上げるには圧縮比を高くするとよいが，それではノッキングが起きやすくなり，トラブルの原因になりかねない。

小型車の規定が350cc以下から500cc以下に拡大されると，エンジンのストローク90mmはそのままにしてボアを70mmから84mmに大きくして，ごく一部の部品だけを

650ccのJACエンジンを搭載したニューエラ号。東京-下関間の宣伝走行が実施された。

新規につくっている。現実的な目を持った，すぐれた技術者の対応である。350ccエンジンは3馬力，500ccエンジンは5馬力と出力を必要以上に上げていない。

このエンジンは，JAC型と名付けられ，1930年（昭和5年）2月に当時の東京鉄道局工作課で，イギリス製とアメリカ製のエンジンとともに試験を実施されている。燃費，登坂力，加速度，エンジンの熱的特性などの主として実用的な面のテストであった。「最近，小型自動3輪車は小荷物運搬用として広く用いられておるが，積載荷重の多き場合に小馬力の空冷式単気筒機関のみを用いる関係上，従来この種の3輪車に国産エンジンを取り付けることはすこぶる困難なものとされたが，今回の試験により，JAC機関はこの点を解決し，大いに国産エンジンとしての真価を発揮せり。なお，耐久力の点においては長期間の試験結果にまたざるをえないが，性能試験の結果に徴すれば，定評ある外国品となんらことなるところはないと認む」という試験概要を鉄道局が発表した。

これまでもオート三輪車用には国産エンジンが存在したが，ニューエラの登場は画期的なことであった。ようやく国産エンジンが，この分野で外国のものに負けないものになったというお墨付きが出たのである。

発売されたJAC500ccエンジンを搭載したニューエラ号は，全長9尺1寸（2.73m），全幅3尺9寸（1.17m），前進3段後退1段，キックスターター付き，チェーン駆動，ブレーキは前が手動，後輪がドラム式の足動，ホイールは前輪スポーク，後輪ディスク，車両重量318kgという仕様だった。

3. 戦前のくろがね号と日本内燃機

ダイハツやマツダに先行したことで，オート三輪車メーカーとして技術的にすぐれているというイメージを確立し，ニューエラ号はこの業界では指導的な立場に立つと見られるようになった。同社が活動するようになってからのオート三輪車の伸びが目立つようになり，ニューエラという言葉どおりに新風を巻き起こした。

といっても，それまでのオート三輪車メーカーを凌駕した程度で，新しい需要を掘り起こすのは，後発となるダイハツやマツダが参入してからのことである。そのことは，日本自動車から日本内燃機に社名を変更したくろがねにとってもプラスに働いている。すぐにダイハツとマツダに生産台数では追い越されてしまうものの，オート三輪車市場の拡大に伴って，ニューエラ号の販売台数も順調に伸び，資本金を増やして施設の充実を図っていかなくてはならなかった。当初の予想以上に企業としては発展していったのである。

それまでも工場は東京の大森にあったが，この大森工場を中心にして拡張し，日本内燃機株式会社に組織変更したのは1932年（昭和7年）のことで，資本金も25万円になった。蒔田氏は，このとき常務に就任している。このときまでのニューエラ号の販

くろがねの名を高めた四輪駆動車のくろがね４起。

売台数は1600台に達しており，増産のために体制も改められた。

1933年（昭和8年）に小型車の規定が排気量750cc以下に改定されることになり，そのための準備が前年から進められた。多くのメーカーが単気筒を選択する中で，蒔田氏はV型2気筒にして独自性を示した。振動や騒音の面で2気筒は単気筒より有利であった。高級感もあり，技術のわかる人たちには好評だったが，コストがかかるものであった。

このときに同社でもシャフトドライブにしているが，こうした新技術の採用では，後発のダイハツやマツダに一歩遅れたところがあった。それでも，小型車の改定に新型の発売のタイミングを合わせたことで，日本内燃機のオート三輪車は好評裡に販売台数を増やしていった。このため，さらに増産体制を図る必要に迫られ，翌1934年には資本金を50万円にし，さらに36年には200万円に増資している。

日本内燃機のオート三輪車が“ニューエラ”から“くろがね”に代わるのは1937年（昭和12年）のことである。エラ（時代）という言葉が一般的でなく，ダイハツやマツダのように言いやすくなかったこともあって，社内で新しいネーミングを募集して決められたものである。もともと鉄のことをさす古語である“くろがね”と決定したのは，蒔田氏の名前が鉄司であるからで，彼の技術に依存していたメーカーであることを窺わせる。“くろがねの城”といえば，守りの堅固で容易に落ちない城のことを意味するように，古くからくろがねといわれていた鉄は強くて丈夫なイメージがあるが，同時にこの年が日中戦争のあった年であることを考えれば，時代的な要素の強い名前であるともいえる。ちなみに，蒔田氏の名前は，生家が静岡県島田町で代々鉄工業を営んでいたことに由来したものであるという。

“くろがね”という呼びやすい名前を持つようになって，日本内燃機のオート三輪車は一段と親しみやすくなったことは事実だ。くろがねも，ダイハツやマツダと同様に，

1937年がオート三輪車の販売の戦前におけるピークを迎えた。翌38年には2.5倍に当たる500万円の資本金になり，工場の敷地は51000坪，建坪6500坪となり，従業員数も1000人に達している。資本金を50万円にした4年前の従業員数は170名だったから，いかに急成長したかがわかる。この拡張は，その後も止まらずに1939年には蒲田に製造所を設け，その翌年には川崎製作所を新設するとともに，資本金は1000万円に増資している。さらに，翌41年には神奈川県内に湘南製造所（寒川）を新設し，42年には資本金を2500万円にしている。

くろがねの主力製品はオート三輪車であったが，技術の中心にいる蒔田氏は，必ずしもそれに満足していなかった。

自分の作った製品の評判がよく，企業として利益を上げることは重要ではあっても，技術者としてみればそれが目標ではなかった。そのあたりのメーカーの首脳としての姿勢が，そのほかの有力メーカーの経営者と違っており，それがくろがねの企業体質に影響を与えていたといえるだろう。

機械化が遅れていた日本の陸軍は，くろがねの技術力，つまり蒔田氏のエンジニアとしての能力を当てにしていろいろな要求を日本内燃機に出してきたのだ。軍に協力すると言うより，自分の技術力を試し，追求する機会を与えてくれることで，蒔田氏は軍の要求に応える努力を最大限にしたのだ。企業の経営を第一に考えれば，ダイハ

戦後に製作された762cc20馬力のくろがねKE型。全長3250mm，ホイルベース2120mm，750kg積み。

1952年型のくろがねKE型からウインドスクリーンと幌のルーフが取り付けられた。

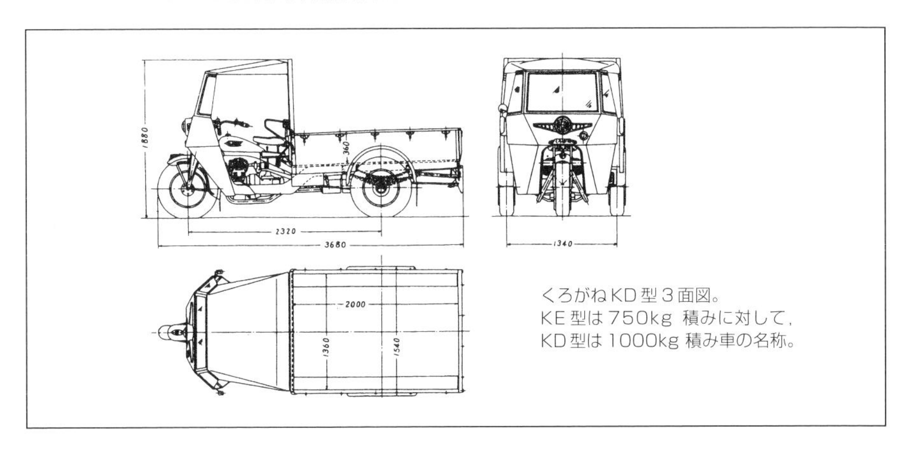

くろがねKD型３面図。
KE型は750kg 積みに対して，
KD型は1000kg 積み車の名称。

ツやマツダのオート三輪車に負けない機構のものの開発を優先し実用化を図ったろうが，あいにくそうした技術者ではなかった。むしろ純粋な技術追求型の人であったというべきだろう。

まず，陸軍自動車学校研究部の依頼によって，1931年（昭和6年）に2気筒の水平対向エンジンのシャフトドライブ式の軍用側車付き2輪車を設計し，完成させている。この改良型とも言うべきV型2気筒チェーンドライブの側車付きの2輪車が軍の制式採用になっている。

その後、くろがねの名をあまねく知れ渡らせるのに効果のあった小型四輪駆動乗用車の製作を同じ陸軍自動車学校から依頼されている。満州や中国の奥地における悪路でも素早く移動できることを目的にした将校用のクルマである。当時は4WD車は4起あるいは四輪起動車といわれており，蒔田氏が設計したのが“くろがね4起”である。日本型のジープともいえるこのクルマは，試作されるとすぐに制式採用され，1935年から終戦までに5000台以上生産したと言われている。このほかにも，雪上牽引自動車，除雪自動車，さらには航空用発動機部品などの軍需品をたくさんつくっている。

ダイハツやマツダは，戦時体制になってから兵器の生産をするようになったものの，技術的な協力という点では日本内燃機とはスタンスが違っていた。戦時体制が強化されることによって，両メーカーとも本来の企業が目指す活動ができなくなることを懸念していたが，日本内燃機はオート三輪車の生産が減少することに，あまり痛痒を感じていなかった面がある。むしろ，戦時体制になることによって，企業の規模が拡大し，従業員数も工場の数も増えていった。

蒔田氏は，戦時体制が強化されて，すべてにわたって軍需品の生産が優先する体制をつくるにあたって，小型自動車統制組合の理事長に推薦され，1943年に日本内燃機の技師長兼常務取締役を辞している。企業内にとどまらず軍部の要請に応えるような体制になり，蒔田氏は各企業の上に立って活動する立場になった。戦後になっても，全日本小型自動車競争会連合会の常任理事になり，くろがねに復帰することはなかった。

4. 戦後のきびしい再出発

オート三輪車メーカーとして戦時体制の中で生産が認められたのは，ダイハツ，マツダ，くろがねだけであったから，戦後すぐに生産できるような材料と設備をある程度確保していた日本内燃機でのオート三輪車製造は比較的早くから行われた。軍需品の生産で同社の各製造所はフル稼働していたが，オート三輪車も細々ながら製造されていたからだ。

軍需品の生産が主力となっていたために，戦後はオート三輪車の生産から手を着け

1954年型のKD3型。8尺ボディという荷台の長さが特徴だった。

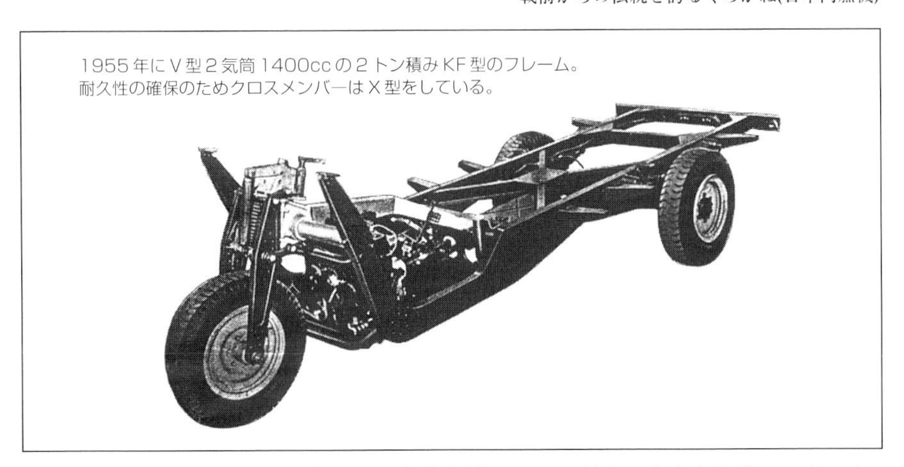

1955年にV型2気筒1400ccの2トン積みKF型のフレーム。
耐久性の確保のためクロスメンバーはX型をしている。

る以外に道はなかったが,そうした生産品を持っているだけでも大きな強みであった。ただし，戦争に協力したことで活動に制約を受けることになり，1949年4月に企業再建整備法による再建計画に基づき，それまでの日本内燃機という組織はいったん解散し，新しく日本内燃機製造という社名にして，旧組織の設備いっさいを引き継ぎ，活動を続けることになった。戦前の主力工場だった大森製造所は戦災に遭い，蒲田製造所はアメリカ軍に接収されたために，疎開工場であった神奈川県の寒川が本社工場となった。現在の日産工機のあるところである。

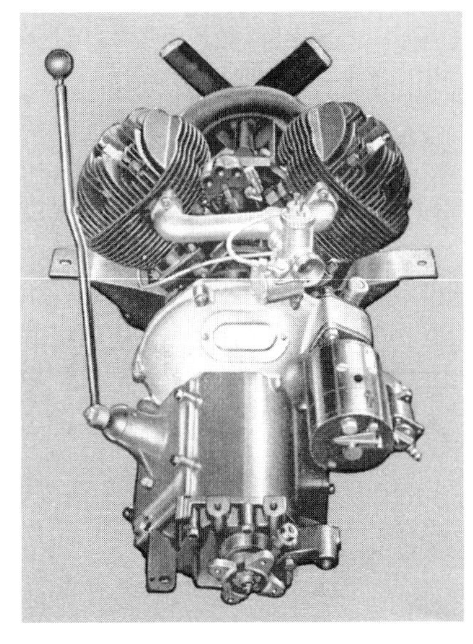

1500kg積みKP型のエンジンはサイドバルブ式ながらV型2気筒の30馬力。ボア85mm，ストローク99mm1123ccで圧縮比は5.1。上はエンジンカバーを開けたところ。

1957年型の1500kg積みのKP型は8尺3寸の荷台が売り。強制空冷式エンジンを座席下に配置。

主力は戦前からの750ccのKC型であるが，民需転換の許可の下りた1946年（昭和21年）は275台を生産している。

翌47年には980台と増えているが，原材料の不足もあって，需要に応じきれない状況だった。他のメーカーのオート三輪車が750ccでも単気筒だったから，V型2気筒エンジンのくろがねは性能がよく耐久性もあると評価されていた。

1948年には1765台，49年には2437台と，ダイハツやマツダには及ばなかったものの，順調に販売を伸ばしていき，このほかにも自転車に装備する補助エンジンのモンキーを製作して販売していた。ホンダが最初に事業化して成功したものと同じ補助エンジンで，くろがねのモンキーもよくできたものであったが，販売がオート三輪車と一緒であったために力を入れて売らないこともあって，こちらのほうはあまり成功とはいえなかった。

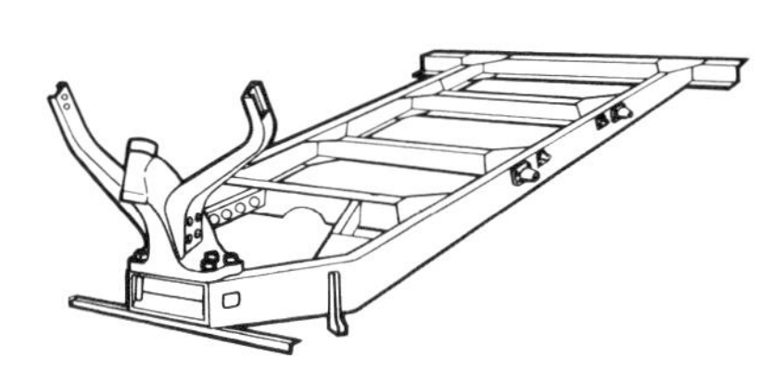

KP型は新設計のフレームは梯子型であるが，荷台の高さを低くする努力がされている。また，バーハンドルタイプを採用している。

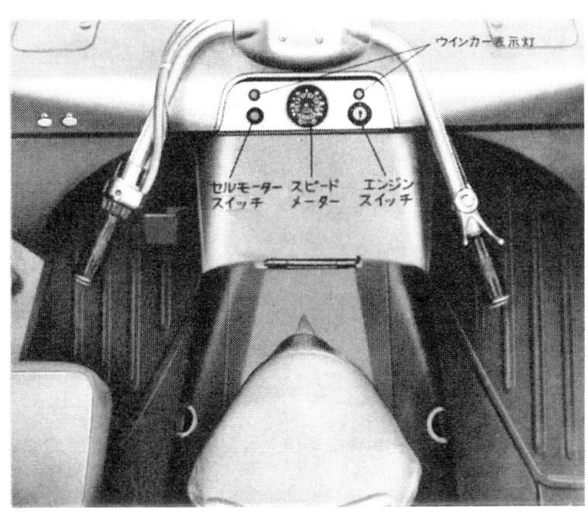

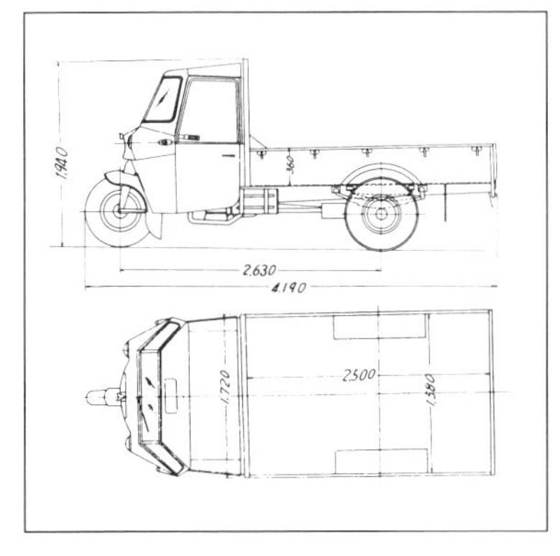

戦前からよいものをつくるが，販売や利益のことを考慮する姿勢に欠ける企業体質が残っていた。それでも，オート三輪車はつくっただけ売れたから，企業として充分にやっていけたのだ。

戦後，中島飛行機からくろがねの日本内燃機に入り，その後ホンダに転じて1960年代のホンダF1チームの監督となった中村良夫氏によれば，北海道の漁場から直接くろがね本社に乗り込んできて，胴巻きにズッシリおしこまれた現金をチラ付かせながら，今すぐくろがねを5台買っていくと息巻いていたお客さんもあったという。ディーラーからの配車を待っていたのでは漁期（ニシン）が終わってしまうからだった。この頃のオート三輪車の使い方はものすごいもので，積載量の5倍ものニシンを積んで

1957年型750kg積みのKE4型は870cc24馬力エンジンを搭載，セルモーター付きになった。

同じく2トン積みのKF2型は1400cc40馬力エンジンを搭載，荷台は10尺5寸ある。

運び，漁期の間に無故障で走るクルマであれば，漁期が終われば1年でポンコツになってもかまわない，というようなユーザーが結構いたということだ。

ここまでの使い方は極端な例であるにしても，オーバーロード（過積載）は当然のことで，乱暴な使い方をされるのが普通のことだった。それだけに，よけいにオート三輪車の存在価値があったともいえるだろう。

小型車の規定が改定されて1500cc以下になったことで，ダイハツやマツダは早めに大型のオート三輪車を出してきたが，その点でもくろがねの対応はゆったりとしたものだった。

戦前からのサイドバルブエンジンもオーバーヘッドバルブ式の新型になり，カムの駆動用のギアを樹脂製にして静粛性を確保するなどくろがねらしいところもあったが，オート三輪車の需要が伸び，販売台数が増えていったから，他のメーカーの動きに先

1959年型から水冷直４エンジンを搭載，大幅なモデルチェンジを実施，これは１トン積みKW型。

KW型は丸ハンドルの独立キャビンになり，室内の快適性を大幅に向上させ，メーターパネルのデザインにも力を入れている。

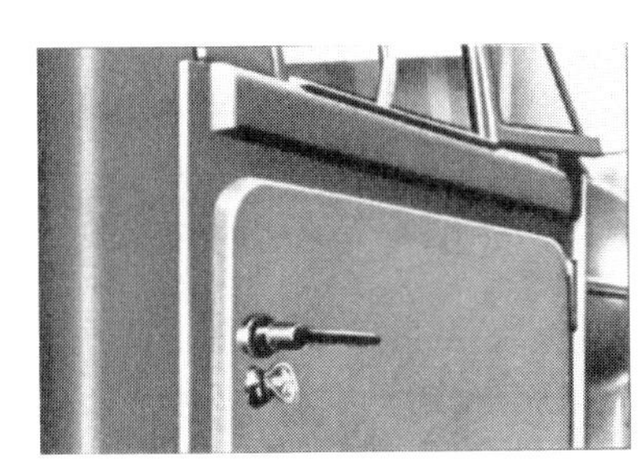

従来のオート三輪車では考えられなかったドアにキーが付くようになった。

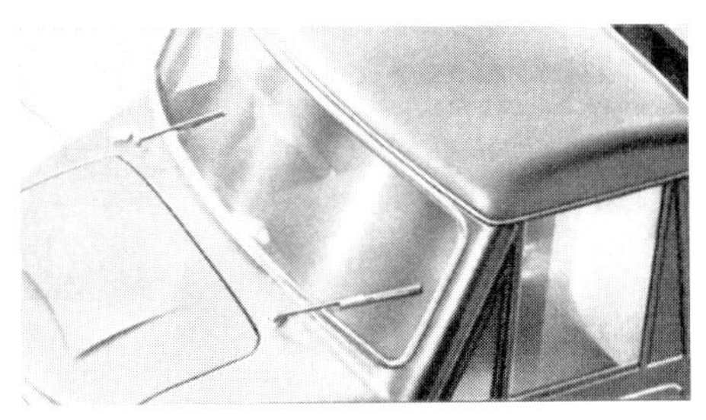

ウインドスクリーンは曲面ガラスを使用，ワイパーも全自動式と四輪車並みになっている。

駆けて業界のリーダーになろうという姿勢はなかった。

それでも，景気がよくなった1952年（昭和27年）には5869台，翌53年には8284台と販売台数を増やし，それにつれて設備投資もしていった。

接収されていた蒲田製造所も返還され，くろがねの前途は順調そうに見えた。1953年には利益が大きくなり，配当も高率であった。1954年の生産台数は1万台の大台を超して11091台という過去最高となった。

しかし，この年にやってきた不景気による金融引き締めで，くろがねは経営不振に陥った。ダイハツやマツダがユーザーの要望に応えた新型を次々と登場させるとともに，量産体制を敷いて積極的に設備投資を実施，コストダウンを図ったのに対し，く

フレームは従来からの角形断面の鋼板プレス製でエンジンも座席下に配置されている。

前輪懸架は２本の長いコイルスプリングとダンパーを使用してクッション性を高めている。

ろがねは立ち遅れたのだった。

5. 東急系列の企業として再出発を図る

朝鮮戦争による特需で立ち直った日本経済は，その後の発展を約束された。このときに蓄積した利益を元に将来に備えて適切な投資をした企業とそうでないところとが明暗を分け，経済発展につれて変化する需要の動向を的確に読んで行動したところが

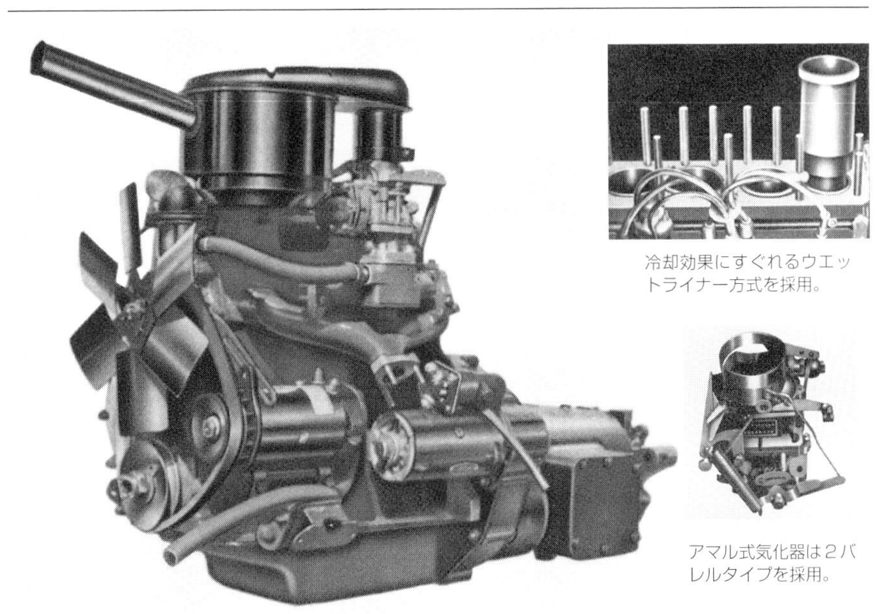

冷却効果にすぐれるウエットライナー方式を採用。

アマル式気化器は２バレルタイプを採用。

水冷直列４気筒のオーバーヘッドバルブタイプのエンジンは1000ccの42馬力仕様と1500ccの62馬力とある。どちらも圧縮比は7.8と高めに設定されており，シリンダーブロックは共通である。最高回転も以前の空冷の3400rpmに対して4700rpmとかなり高くなっている。

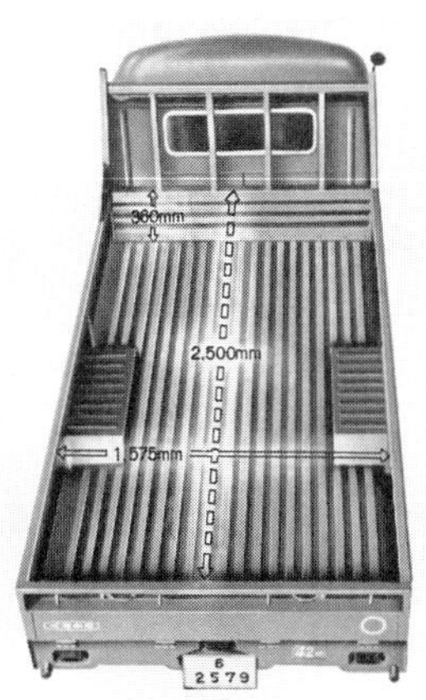

新シリーズの直４エンジン搭載の２トン積みKY13型はくろがねの最高級車であった。

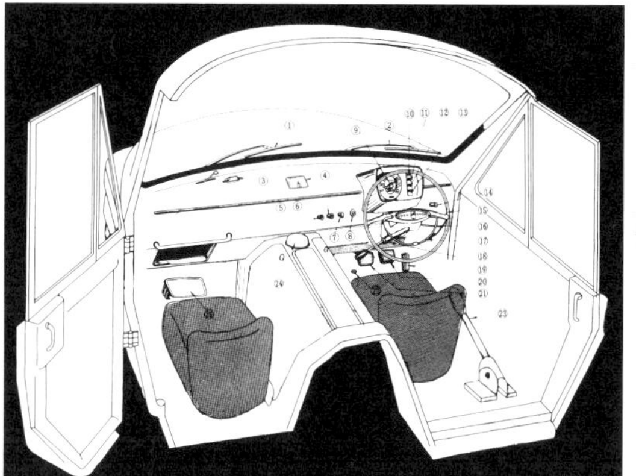

丸ハンドルに合わせデザインされたメーター。

エンジンをキャビン中央にレイアウトしているために座席はセパレートタイプの２人乗車。中央の盛り上がったエンジン格納部分の先端のキャップはラジエター用。

コラムシフト方式の４段ミッションは操作性にすぐれたシンクロメッシュタイプとなり，操作感覚は小型四輪車に遜色ないものだった。

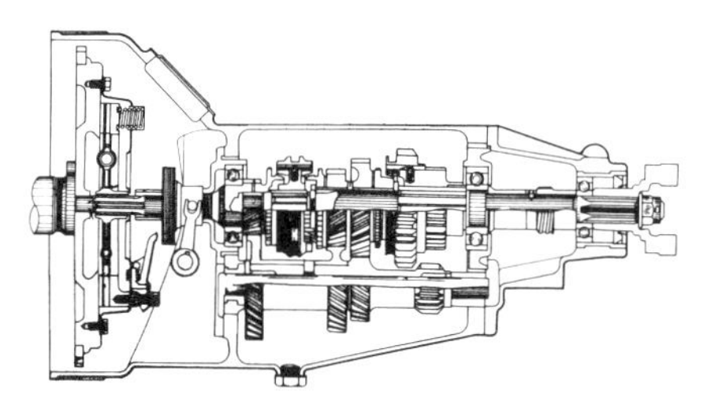

生き残ったとも言われている。

くろがねでは，オート三輪車の大型化に対処して新型の開発をしており，時代の変化に対応するために四輪トラックの開発も進めていた。ただし，くろがねが持ってい

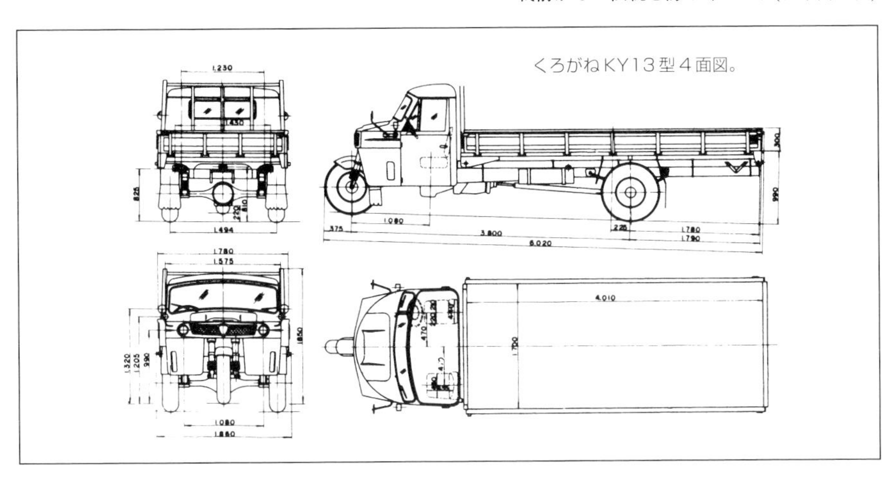

くろがねKY13型４面図。

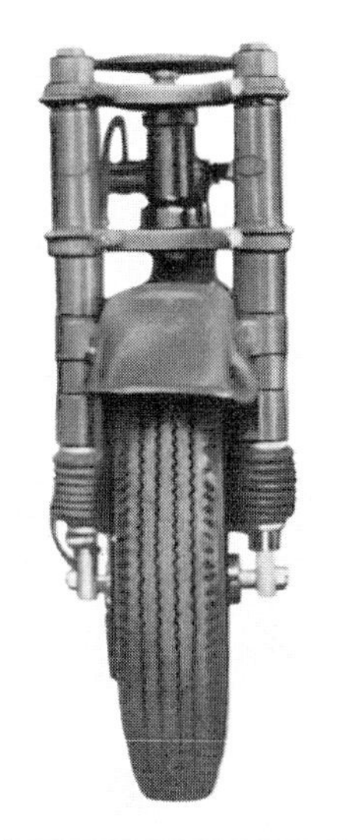

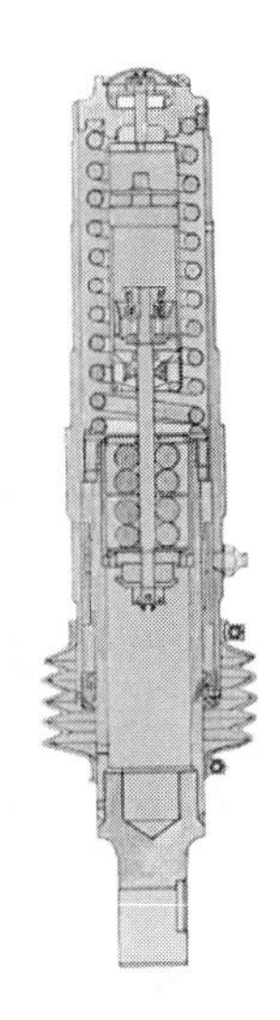

フレームは鋼板製プレス一体型であるが，エンジンの性能強化に伴って各部を補強し，直線で構成されている。

このころのフロントサスペンションは，オレオフォークが使用されるようになっている。これはオイルダンパーとコイルスプリングを円筒内にまとめているので，トラブルが少なくなる効果がある。

た先進性はすでに失われており，ダイハツやマツダの打つ手があたると，それに追随していくのが精一杯となっていた。

マツダに見られるような，将来の四輪メーカーとして確固とした地位を築くという目標に向かって，オート三輪車メーカーとして先進性を持って業界をリードしながら，量産体制の確立とコストダウンによる蓄積と，それを元にした設備投資をするという姿勢に対して，くろがねは大きく遅れをとった。その過程で，やる気のある技術者が去っていき，企業としての求心力を失いつつあった。1954年の上半期の決算では，販

1959年発売の水冷2気筒エンジンをリアに搭載したキャブオーバー型軽四輪トラックのくろがねベビー。

売の不振が響いて利益幅は小さくなり，前年に高配当したにもかかわらず，一挙に無配に転落した。

戦後，大株主になっていた日本生命では，打つべき手を思いつくことができず，ひたすら損害を小さくすることしか考えなかった。このために，自動車部門への進出をねらう東急グループの五島慶太が日本内燃機の株の多くを所有するところとなった。このときからくろがねは東急グループの企業として、その傘下で再建の道を歩むことになった。とりあえずは倒産を免れて，新型車の開発とオート三輪車の販売を中心とする活動を継続することになった。

さらに，1957年になって，経営が行き詰まったオオタ自動車工業が東急資本の企業になって，日本内燃機製造に吸収合併されることになった。オオタは戦前から小型自動車メーカーとしてダットサンと並んで国産車の牙城を守ってきた企業である。独学で技術を身につけた太田祐雄氏が興したメーカーで，個人企業として経営されていたが，三井の個人的な資本が入って町工場の規模から脱していたが，トヨタや日産に太刀打ちできるような大きさとはほど遠かった。そのため，マスプロダクションによる企業競争の時代になると，苦戦を免れなくなっていたのだった。

資本力があって，販売力を強化することができ，技術者を多く集めて集中的に開発する体制を取る時代になっていたから，個人企業に近い経営では，生き残ることはできなかった。とはいえ，この時代まで細々とではあっても自動車メーカーとして活動できたのは，それだけの実力があったからこそである。

小型四輪車メーカーとオート三輪車メーカーが一つになり,設備と工場をかかえて，自動車メーカーとしてやっていくために，タクシー業界でよく知られた川鍋秋蔵氏が社長として送り込まれた。野心家でもある川鍋氏は，オオタを吸収合併した日本内燃機製造を日本自動車工業という社名にして，トヨタやニッサンに負けないだけの自動車メーカーにするつもりであると言明した。

トヨタがオート三輪車の市場を四輪トラックの分野で獲得しようと，原価計算を度外視して販売攻勢をかけた時期と，ちょうど重なっていた。時代は大きく動こうとし

1.25トン積みNC型キャブオーバー四輪トラック。

2トン積みの小型四輪トラックノーバ1500。

ていた。豊かな生活を求める人たちを対象に，生産効率をとことん追求して，完成度の高い製品を世に送り出さなくては競争にならない時代になっていた。くろがねのオート三輪車や軽自動車の愛好家が存在し，一定の支持を得ることはできたものの，オート三輪車メーカーとしてしっかりと力を付けたダイハツやマツダの前には，くろがねのかつてのイメージだけでは通用しなかったし，まして乗用車時代を迎えようとして実力を蓄えているトヨタやニッサンとは勝負にならなかった。

オオタとくろがねの技術を生かして，小型四輪トラックをつくり，丸ハンドルの快適性を追求したオート三輪車をつくり，くろがねベビーに代表される軽自動車をつくったことで，自動車の歴史にその名をしっかりとどめることになったものの，東急資本の肩入れで延命できただけで，くろがねの寿命はつきていた。

1958年（昭和33年）11月には川鍋社長も退任に追い込まれ，新しく就任した東急グループからの社長は，東急グループに対するマイナスを少なくして撤退するために送り込まれた。1959年3月に社名を東急くろがね工業に改名したが，企業としての命運はすでにつきていた。結局は，生産を増やしているニッサンが設備の多くをそのまま利用できることもあって引き取ることになり，ニッサンの少量生産のエンジンを生産するニッサンの子会社である日産工機として生まれ変わることになった。

三菱の一部門としてのみずしま

(新三菱重工業)

1. 三菱と自動車の関係の歴史

ニッサン自動車の創業者である鮎川義介氏の言葉に「三菱や三井といった財閥がやらないから，我々のような野武士がリスクを負って自動車事業をやる以外にない」といった趣旨のものがある。彼が自動車事業に本格的に乗り出したのは，1930年代に入ってからのことで，日本は中国に軍隊を派遣して領土拡張を目指す戦時体制に移行しつつあったときである。

この頃の三菱にとっては，重工業関係で言えば，航空機や造船，戦車や兵器といった分野で大きく手を広げていて，自動車にあまりウエイトが置かれていなかったのは確かだが，だからといって最初から自動車にまったく興味を示さなかったわけではない。国家の進む方向によりそって企業活動をして大きくなった三菱は，国家が要求する先進技術を身につけて，欧米列強に負けない強さを持つための具体的な製品作りを受け持つ企業の路線を進めており，自動車に対してとくに偏見を持っていたわけではない。事業として成立する見込みがつかないという判断をしていただけのことだ。

むしろ，まだフォードやゼネラルモータースが日本に進出してくる前の1917年（大正6年）に将来有望であろうと自動車の開発に手を染めているくらいだ。三菱の神戸造船所でイタリアのフィアットを手本にして三菱の技術者たちが乗用車をつくって販売しようと目論んだのだ。

もともと三菱の神戸造船所では船舶用の内燃機関をつくっていたから，自動車用エンジンも同様に自分たちの手でつくろうとしたが，精密さを要求されるガソリンエンジンの開発は，案外に難物だったに違いない。

1919年に三菱神戸造船所の組織変更により，内燃機関の生産は，自動車や航空機用の軽油機関を担当する部門と，船舶などの重油機関部門とに分かれることになった。これに伴って，軽油機関部門が1920年（大正9年）に愛知県の名古屋市熱田区の埋立地に新工場を建設して移った。ここが後に大江製作所と呼ばれ，三菱の自動車生産の中心になるところだ。

開発された三菱A型は，名古屋で製作されることになったが，自動車の事業はむずかしいことがわかってきた。開発の経費を入れてコストを計算すると，海外から輸入するクルマの価格よりはるかに高くないと利益が出ないのだ。しかも自動車としての完成度は，国産自動車の方がよくないのは確かだから，販売を伸ばすことができるはずはなかった。将来的に採算ベースに乗せる方法を検討しても，海外の有力メーカーのように量産体制を敷いてつくるクルマのコストとは，比較にならないのは当然であった。

自動車生産の難しさを実感した三菱の首脳は，20台ばかりの乗用車をつくったところで，1921年にこの事業の中止を決定した。自動車の普及の見通しが立たず，投資するにはあまりにもリスクが大きいものであったからだ。これ以降，三菱の中では自動車には手を出すべきでないというムードが残ったということだが，自動車が産業とし

1919年(大正8年)福岡博覧会に出品された三菱A型乗用車。このときは三菱甲型自動車と表示されていた。

1926年(大正15年)三菱内燃機名古屋製作所の芝浦分工場でつくられたダンプトラック。

て成立する時代がなかなかきそうもないという読みをしたからで，採算がとれるようになっても進出しないほど自動車を嫌ったわけではない。

現にディーゼルエンジンを搭載したふそうバスを1932年（昭和7年）につくっているし，トヨタとニッサンが指定された自動車事業法による自動車企業の優遇措置の実施の際にも興味を示している。実際には，航空機や軍艦などの軍用の大型プロジェクトに対する技術開発とその生産などに多くの人手をとられたことで，戦争が激しくなるにつれて，それどころではなくなってきたのだ。

2. 終戦による新規事業の模索

1930年代から40年代の初めにかけての三菱重工業は，大型兵器の生産ではもっとも実績があったから，軍と国家による要請に基づいて増産に次ぐ増産に明け暮れていた。このため，1939年に10万人だった従業員は，終戦時には40万人に達していたという。独立した三菱重工業傘下の工場は33を数え，その規模は日本一となっていた。

軍需産業の中心となっていたから，太平洋戦争中に三菱の工場はアメリカ軍の攻撃の対象になり，爆撃による被害も大きかった。とくに名古屋の航空機や発動機関係の事業所は壊滅的な被害をうけ，長崎造船所では原爆により2000人以上が犠牲になっていた。そのうえ，戦災を免れた工場や施設も，戦争中の酷使などにより老朽化が進んでいた。

それでも，戦前からの三菱グループとしての結束があったから，戦後の組織のあり方は同じ軍需企業でも違いがあった。三菱同様に20万人の従業員を抱えて終戦を迎えた中島飛行機では，グループとしての結束を保つことは不可能になっていた。とりあえずは中島飛行機という名称から民需に転換するために富士産業として法人格を維持したが，各地に点在する工場や製作所は独自に生き残り策を建てることになり，バラバラになる運命にあった。終戦直後は，将来の見通しはまったく立たない状況だったから，中島飛行機の各事業所は残務整理のための要員だけを残して，多くの従業員は会社を去っていった。

その点，三菱はグループとしての結束を保っていたので，技術者たちも散り散りになることはなかった。それでも，占領軍がどのような方針で臨むかわからないうちは手の打ちようがなかった。とりあえず民需に転換するために，定款から艦艇や航空機や魚雷といった兵器関係を削除し，同時に稼働する事業所を13に整理している。

軍需産業として活躍したとはいえ，戦後の復興にとって三菱の持つ実力は頼りになるもので，造船関係の事業所は貨物船の運行や漁船の生産や修理，機械関係では鉄道車両や粉砕機や精麦機といった事業の許可が早くから下りていた。

航空機や戦車などの開発と生産に携わっていた事業所は，新しい製品をつくらなくてはならなかったが，有力なものとして目を付けたのが自動車だった。戦後は国が必要なものではなく，民間が必要としているものでなくてはならず，しかも持っている機械設備を利用し，技術力が要求されるものといえば，自動車は格好のものだった。その可能性の追求をグループでするために，京都製作所，名古屋製作所，水島製作所，川崎機器製作所，東京機器製作所などの工場の代表が東京の本社に集まって，検討会議が1946年の初めに開かれている。

しかし，財閥解体指令が出されており，三菱グループとして結束することはむずかしいという観測がもっぱらとなっていた。三菱重工業に対しては，航空機関係の15の工場設備が賠償指定を受けており，賠償が決まれば徴収される可能性が強かった。また，戦争中に受注した生産仕掛け品に対する補償が打ち切られることになり，人員整理と合理化に取り組まざるを得なかった。

こうした事情があって，各事業所はそれぞれに自分のところの将来について考慮するだけで精一杯で，他の事業所のことまで考える余裕がなかった。そのために，話し合いを持っても，まずそれぞれに自立を図るというムードが大勢をしめ，自動車事業の検討会も，あまり成果は上がらなかった。

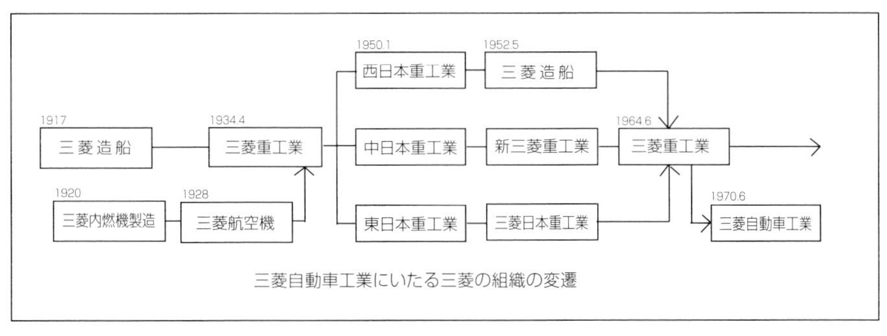

三菱自動車工業にいたる三菱の組織の変遷

富士重工業のラビットスクーターと勢力を2分した三菱のスクーターはシルバーピジョンと呼ばれた。これは小杉二郎氏のデザインによるC-80型125ccのスクーター。

オートリキシャと名付けられた三菱のスクーターの改造車。スクーターの車体をベースにしてリアを2輪にして乗用車タイプにしたもの。乗用車の生産制限の撤廃に伴って1949年に製作された。風防と屋根に幌を付けてシートを配置したもので，2年間に31台つくられた。

東京機器製作所はスクーターのシルバーピジョンを生産し，京都製作所ではディーゼルエンジンを搭載したバスやトラックをつくることになった。名古屋製作所は，スクーター用の112cc，4サイクルエンジンをつくるとともに，航空機の機体製作の技術を生かしてバスボディを製作したが，トヨタやニッサンから乗用車用ボディの製作も受注するようになった。大型プレス機械を持ち，優秀な板金職人を多く抱えていることで，各自動車メーカーから依頼を受けたが，当時はどこからの依頼だろうと喜んで仕事を引き受けていた。企業としてやっていくことだけで必死な時代だった。

3. 意欲的なみずしまのオート三輪車

岡山県にある三菱の水島製作所は，1943年（昭和18年）に名古屋航空機製作所の生産を拡大する方法として新しく造られた工場である。太平洋戦争の始まる直前に名古屋製作所に海軍から中型航空機を月産75機，同小型機62機程度の増産体制を取るように要請された。1944年までという期限を切られていたので，すぐに工場と設備の手当をする必要があったが，名古屋の大江工場の近くには工場の拡大できる余地はなく，また工場の分散が検討されたこともあって，岡山県の連島町の海岸に新工場を建設することになった。1943年4月から生産に入り，9月に完成して水島製作所が発足した。海岸の埋立地で，当時は輸送の中心は鉄道だったから三菱は，山陽本線の倉敷駅から独自に9.4kmの線路を引き，工場を中心として住宅から学校や病院や娯楽施設までを備えた，三菱による町が誕生したのである。ここで，終戦までに一式陸軍攻撃機500機，局地戦闘機の紫電改10機などを生産している。

この水島製作所は航空機の製作をしていたから，名古屋航空機製作所とともに自然閉鎖される運命にあったが，所長以下の関係者が熱心に民需品生産工場への転換と，そのための工場の存続を連合軍の現地司令部などに掛け合って，1945年11月に水島製作所として再発足する許可を得たのだ。

早めに自立の道が開かれたのは，三菱重工業の中では京都製作所と水島製作所だったので，各地に分散していた三菱の技術者が，このふたつの製作所に集結することになった。

まずは神戸や大阪の市営バスなどのボディ製作，米軍向けのロッカーやイギリスやインド軍専用のバスの受注などで，当座の糊口をしのぎながら，民需品として製作するものの中で主要製品として浮上したのがオート三輪車である。

三菱の各製作所では航空機用のジュラルミンを利用して自転車をつくったり，鍋や釜もつくったりしたが，エンジンを開発する技術力と生産設備をもっている企業で

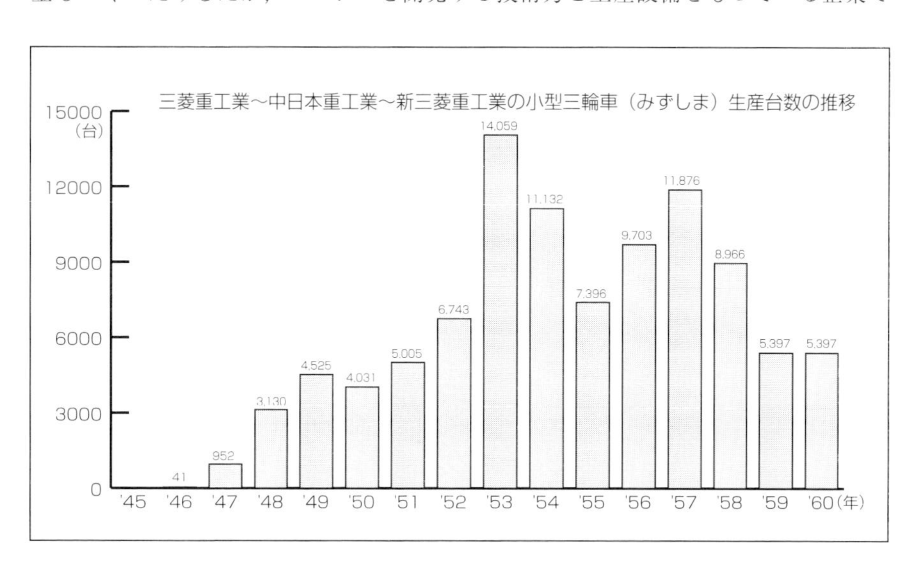

1946年(昭和21年)につくられた三菱のオート三輪車の試作1号車のXTM1型。

手っ取り早くつくって販売できそうなものとして，オート三輪車が第一候補になったのだ。

日本の最先端技術を持っているという誇り高い技術集団である三菱の面々は，泥臭い感じの中小零細企業をターゲットにした乗りものであるオート三輪車をつくることに抵抗があったようだが，そんな悠長なことをいっていられるご時世ではなかった。

後に三菱自動車工業の社長になり，1970年代の三菱自動車の方向を決めることになる技術者の久保富夫氏の，当時を述懐した内容が三菱自動車の社史に載っている。

それによると，「それまで航空機をやってきたものが，こんどは3輪自動車かという思いで，一同は心の中でがっかりしたことは確かである。しかしこれが将来，本格的な自動車を製作する前提なのだという気持ちを持つことによって，新たな希望が湧き，車体にもエンジンにも設計陣は夢中に取り組んだ。そうしている内に明るいムードになってきて，次々と他社にないアイディアが浮かぶようになってきた」と心情を吐露している。オート三輪車に対しては，四輪自動車よりも低い次元の自動車であるという認識があってのことであろう。

1946年の早い段階からオート三輪車の開発が始まったが，終戦のときには動員されていた人たちを含めて3万人ほどいた水島製作所の従業員は，このときには2000人になっていたという。

エンジンに関しては，オート三輪車用としてオーソドックスで主流となっている空冷4サイクル単気筒750ccから出発している。完成したエンジンは車体に搭載するに当たっては余裕のあるものにするべく，後に900ccに拡大された。

このエンジンを搭載した試作型のXTM1型は0.4トン積みだった。三菱が他のメーカーのオート三輪車との大きな違いとして特徴的だったのは，最初からウインドスクリーンをつけて運転席に幌をつけた屋根を持っていたことだった。オートバイと同じように運転手は風雨にさらされた状態なのは当然のことと思われていた時代だったから，これは新鮮なアイディアだった。

最初の試作車は1946年6月に完成しているが，これを改良して走行テストを実施して，発売にこぎ着けたのは1947年5月のことだった。0.5トン積みのTM3型となり，みずしまと名付けられた。

4. 三菱重工業の分割とその後の展開

三菱グループの強さを発揮して，新参メーカーであっても信頼性のあるものを提供することができたが，財閥解体指令など占領政策による各種の制約を受けながらの活動となった。

占領軍は，三菱，三井，住友，安田の4大財閥に対して占領と同時に自発的な解散を勧告した。続いて，このほかの財閥も含めて事業内容や資本構成などの報告を求める覚書を出すよう要求するとともに資産を凍結した。

株式を公開している企業としては解散するわけにはいかないという態度で臨むこと

1950年ころの水島製作所におけるオート三輪車の組立工場の状況。

1947年5月から発売されたみずしまTM3A型は三菱最初の量産型で1年間に945台生産されている。

にした三菱だったが，日本政府も占領軍の政策を支持するに及んでがんばり通すことができなくなり，三菱本社は1946年10月に解散することになった。この後，三菱グループの中核企業である三菱重工業も自主的に営業譲渡や解散などができない制限会社の指定を受け，企業活動に多くの制約を受けることになった。

次いで，1947年（昭和22年）5月になると，一つの企業が大きくなった戦前の弊害をなくそうと，過度経済力集中排除法や私的独占禁止及び公正取引確保に関する法律の制定により，三菱重工業はいくつかに分割しなくてはならなくなった。これに対応して，最初は造船，造機，車両という製品ごとの分割案を三菱側で策定した。しかし，この程度では占領軍に納得してもらえずに，8社に分割する案を検討したが，それも認められなかった。最後には，各工場ごとの23社に分割するしかないところまで追い込まれ，企業の存続のためにそれもやむを得ないという見解に達していた。

しかし，1948年になると，米ソの対立が日本の占領政策に微妙な影響を与えるようになり，集中排除法の取り扱いも厳しくなくなり，再検討されることになった。財閥企業の力を徹底的に小さくしようとする方向から，それなりに力量を維持させようとする方向に転換されることになったのだ。

何度もの折衝の結果，1949年（昭和24年）4月になって，占領軍から地域別に3分割する案が最終的に示された。これによって，東京製作所や横浜造船所を中心とした東日本重工業，名古屋製作所から京都製作所，さらには岡山にある水島製作所までを含む中日本重工業，それより西にある広島製作所から長崎造船所などのある西日本重工業となった。

三菱という名称を使用することが許されなかったために，地域を名前に据えることになった。これによって，東日本重工業がバスやトラックをつくることになり，中日本重工業がスクーターからオート三輪車までをつくることになった。

それぞれ分割されたとはいえ，旧三菱グループとしての連携は保っていたが，しばらくの間は，それぞれに自分たちの事業を軌道に乗せることを優先しなくてはならない時代だった。

3分割された三菱重工業は，1952年（昭和27年）4月に対日平和条約の発効で，占領軍によって禁止されていた財閥の商号の使用も解除された。これに伴って，東日本重工業は三菱日本重工業となり，中日本重工業は新三菱重工業となり，西日本重工業は三菱造船に社名が変更された。

結局は，三菱グループは分割されることなく，戦後の世界でもしたたかに生き続けることになったのだ。このあたりの経過は，軍に協力した航空機生産のみで巨大化した中島飛行機の戦後との違いでもあった。

水島製作所は1950年（昭和25年）1月に中日本重工業として発足したが，このときに販売の中心となっていたみずしまTM3C型は，最初のTM3A型を改良したタイプで，1947年10月から販売を開始した量産型であった。TM3A型のホイールベースを1880mmから2070mmに伸ばしたほかにも荷台も大きくしており，このタイプは1950年7月までに5915台生産している。

量産型TM3A型をベースにしてつくられた三輪乗用車は1950年から3年間にわたって生産された。上のTM3D型が最初のもので，下は当時としては流線型を意識してつくられたTM3K型。3年間で800台ほど生産された。ほかに郵政省や水道局に納入されたライトバンなどがあった。

1952年にモデルチェンジされて登場した1トン積みのみずしまTM4E型は，スタイルも一新して最高速度も56km/hになっている。座席の位置を下げて視界をよくしている。

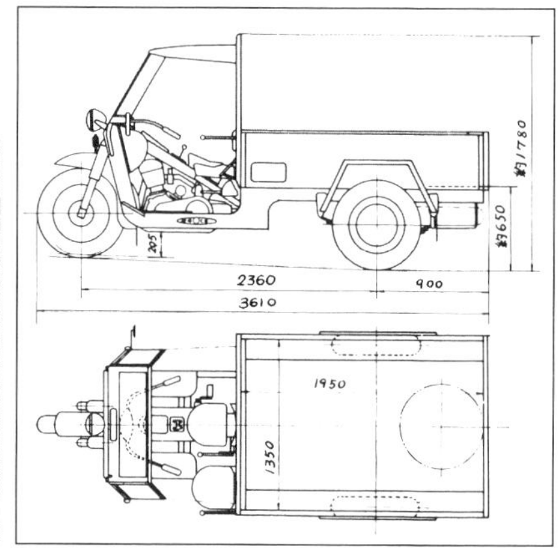

水島のオート三輪車は，性能でも信頼性でも一定の評価を得て販売を伸ばした。戦前からのオート三輪車メーカーであるダイハツとマツダには及ばなかったが，3位のくろがねを凌駕する勢いだった。1947年にはみずしまの生産台数は952台で，くろがねの980台に迫った。その後は48年3130台，49年4525台と順調に販売を伸ばし3位の座を確保した。

みずしまTM3C型をベースにした三輪乗用車が1948年に製作されている。最初は荷台部分をボディとしてつくった簡易型であったが，1950年になると，キャビン部分を完全に密閉して快適性を追求したボディのTM3K型がつくられた。流線型を意識したデザインだったが，当時はタクシーなどにも利用され，1952年までに800台ほど生産しているから，三輪乗用車としてはもっとも成功したものである。

水島製作所とは別だが，三菱ではスクーターをベースにした三輪乗用車をつくっている。スクーターの後輪を2輪にして風防ガラスと幌をつけたもので，セントラル・

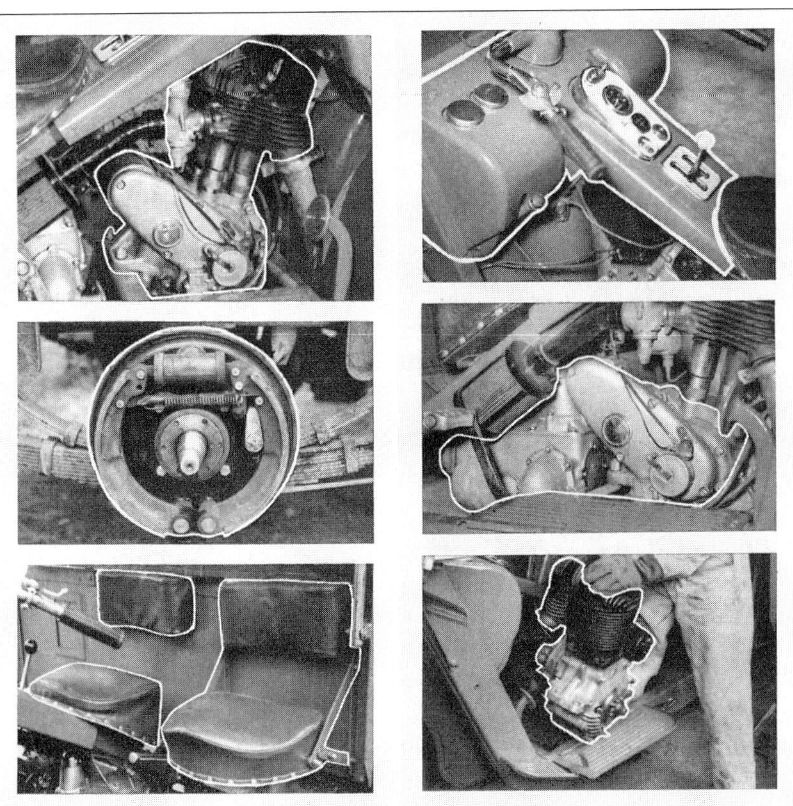

排気量を拡大して900ccにしたエンジンは依然として座席の下に配置されており(上)，ブレーキはオイルを用いた効きのよいものにし(中)，乗員用のシートは座り心地をよくしている(下)。

運転席まわりは操作系や燃料タンクやメーターなどを整然とレイアウトし(上)，トランスミッションやクラッチ，さらにはエンジンのメンテナンスをやりやすいようにしている(中及び下)。

オートリキシャと名付けられて1949年11月に発売している（126ページ参照）。しかし，エンジンパワーもなく，快適性でも乗用車と呼べるようなものではなく，31台だけで生産は打ち切られた。

5. オート三輪車のデラックス化の推進

その後も水島のオート三輪車は，大型化の要求に応えるために荷台を大きくした仕様のものを発売したが，オート三輪車の泣きどころである乗り心地をよくするためにオレオフォークを前輪に取り付けている。この油圧緩衝装置であるオレオ式サスペンションは，航空機製作時代に航空機の降着装置として開発した技術を生かし，スプリ

1955年12月に発売された2トン積みのTM8型から車名は三菱号に改められた。

ングを利用したものであった。しかし，みずしまの積載量は500kgのままで，エンジンは750ccのみであった。

1トン積みの新型TM4E型の生産を開始したのは1952年（昭和27年）11月のことで，エンジンは886cc21馬力に拡大された。小型車規格が1500ccになったのは1948年のことであるから，このエンジンの拡大はオート三輪車メーカーとしては早いほうではない。新型エンジンは排気量が大きくなったが単気筒のままで，その代わり燃焼室に工夫をこらしたり，濾紙式エアクリーナーを採用している。

1958年10月に発売されたTM15型シリーズが三菱号の最終モデルになった。

リアサスペンションに用いられるリーフスプリングは荷物を積まないときに固くないように緩衝ゴムが取り付けられている。

直列２気筒エンジンをキャビン中央に配置，前輪にもブレーキを装備，オレオフォークも改良が加えられている。

小型四輪乗用車並の快適性をねらった室内は余裕のある広さになっており，メーターやハンドルもしゃれたもの。中央にエンジンがあるため２人乗りである。

オート三輪車メーカーとして業界をリードするダイハツとマツダは，750ccや1000cc，それより大きいエンジン車と3タイプをそろえていたが，それに次ぐみずしまは一種類のエンジンだけだった。三菱の手堅さであると同時に，独立採算制をとる以上利益を上げて従業員を養わなくてはならないという思いで，リスクのある行き方をしない方針であった。よくいえば慎重であり，悪くいえば消極的な経営方針だった。

1953年から54年にかけて荷台の長いモデルが加わり，キック式からセルモーターのスターターにし4段変速にした仕様のTM5シリーズが発売された。

装備の充実により車両価格も37万円から40万円と高くなったために，744ccの旧型

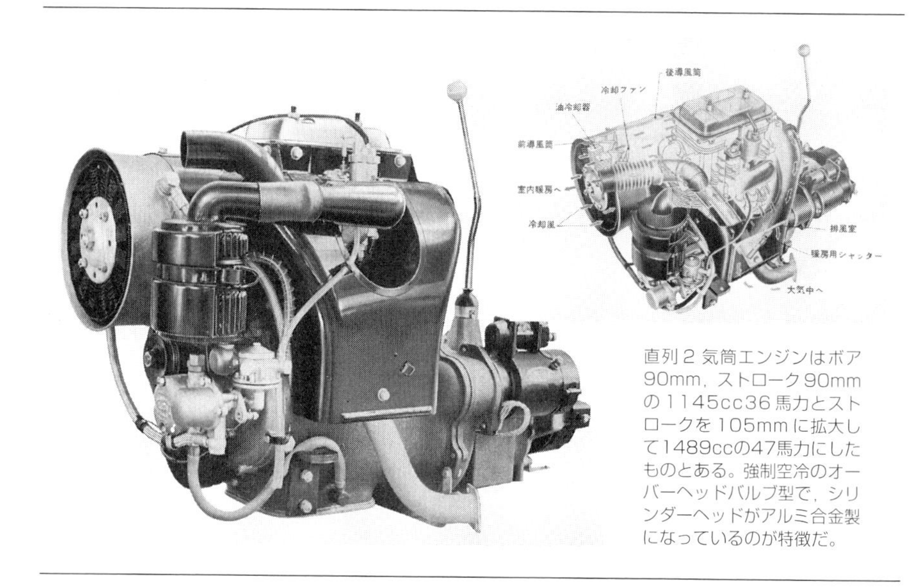

直列２気筒エンジンはボア90mm，ストローク90mmの1145cc36馬力とストロークを105mmに拡大して1489ccの47馬力にしたものとある。強制空冷のオーバーヘッドバルブ型で，シリンダーヘッドがアルミ合金製になっているのが特徴だ。

エンジンでキックスターターの750kg積みの廉価版仕様を30万円で発売したが，思ったほどの売れ行きは示さなかった。経済性がメリットといわれたオート三輪車の世界でも，四輪車の市場と同じように，生活にゆとりが出てくるにつれて，高級仕様のほうが好まれる傾向が強くなっていたのだ。

1950年代の後半になると，こうした傾向はさらに強くなっていった。水島のオート三輪車はエンジン排気量にしても1000cc以下で，積載量も1トンまでのものしかなく，他の有力メーカーのようにエンジン排気量の大きいタイプを出すタイミングが遅れた。ちょうどトヨタが小型四輪トラックで攻勢をかけ始めた時期と重なったこともあって，1953年には12000台を超えていた三菱のオート三輪車の生産台数は，1955年になると6000台強に落ち込んでしまった。

1955年（昭和30年）に三菱は，1.5トンと2トン積みのTM7型とTM8型を相次いで市場に投入した。単にエンジンの排気量を大きくして積載量を増大させただけのものではなく，時代の進展とともに進んでいたデラックス化に対する遅れを一挙に挽回して，さらにリードするというオート三輪車としては贅沢な装備や機構を備えたものであった。エンジンは三菱のオート三輪車としては初めての直列2気筒1276cc，強制ファンを使用し，完全強制空冷式オーバーヘッドバルブにした36馬力である。トランスミッションも耐久性を上げた4速仕様にしただけでなく動力取り付け装置を取り付けてダンプカーなどの特殊架装が簡単にできるようにしていた。丸ハンドルにしてキャビンは密閉式で，乗員用のシートはクッション付きで暖房用のヒーターがついており，サイドのウインドウも上下にスライドするもので，計器板も豪華にデザインされて，至れり尽くせりだった。

積載量が多くなったことを受けてシャシー関係の機構も強化され，オート三輪車としてはそれまでになく豪華になっていた。車両価格もTM8B型で65万円と小型四輪トラックと同じかそれより高い値段になっていた。小型四輪トラックを意識しすぎたことによって，オート三輪車の持っている良さが失われたから，販売量もあまり多くなかったのは当然のことだった。

このときから，みずしまというネーミングから三菱号と名乗るようになったが，この後の三菱のオート三輪車の主力は，従来の1トン積み車を改良したものだった。

三菱のオート三輪車の最終モデルとなったTM15シリーズは1958年（昭和33年）に発売されたが，これは三菱の総決算ともいえる仕様だった。1トン積みから1.25トン，1.5トン，2トン積みまでの4つのタイプがあり，エンジンは軸流式強制空冷2気筒で，

TM15型シリーズ全車に曲面安全ガラス，オールスチール製完全密閉キャビン，暖房ヒーター，オートリターンウインカーなどを装備した。

1145cc36馬力と1489cc47馬力で，シリンダーヘッドはアルミ合金を使用するという豪華なものだった。幅の広い曲面安全ガラスの採用，オールスチール製完全密閉のキャビン，丸ハンドルのオートリターン式方向指示器の装着と，オート三輪車としては行き着くところまでいった仕様であった。バリエーションを増やしてラインアップを完成させると同時に，製品の系列化による部品の共通化が図られた。

三菱もようやくダイハツやマツダがやっていた計画的な商品企画ができるようになったわけだが，このシリーズが発売される頃には，小型四輪トラックへのユーザーの移行，新規ユーザーの獲得には軽三輪車という図式ができあがりつつあり，オート三輪車の販売をのばすことはできなかった。

三菱がオート三輪車の生産を中止したのは1962年（昭和37年）のことで，この2年後の64年には3つに分割されていた旧三菱重工業の各社が，再び三菱重工業としてひとつになり，さらに1970年には自動車部門が分離独立して三菱自動車が誕生している。その間に軽自動車から小型自動車，さらには大型バス・トラックまで生産する総合自動車メーカーとしての地位を築いた。

TM18型（上）とTM16型（下）。

独自性を発揮したヂャイアント

(愛知機械工業)

1. 航空機産業からの転身

日本の陸海軍からの受注による兵器としての航空機を生産していたメーカーは，戦後のスタートは厳しいものがあった。

戦前の日本にあっては技術的に最先端をいっていたとはいえ，敗戦によって仕事そのものを失い，どのように企業を存続させていったらいいか皆目見当が付かない状態だった。国からの注文を受けることで安定した経営ができると思っていたところで，敗戦によってすべてが新規まき直しとなり，民間を相手にした製品を開発していくよりほかに方法がなかった。

愛知県はもともと技術的な製品を作ることを得意とする地域であった。ここを基盤とする愛知機械のもとをたどれば，1901年（明治34年）創業の愛知時計に行き着く。それだけ伝統のある企業であるが，時計というのは江戸時代から続く精巧な機械であり，日本に根付いた数少ない技術製品のひとつである。古くから“からくり”と称されて，精巧に丹誠込めて作らなくてはならないもので，職人的な専門技術を持っている集団による仕事として成立していた。

こうした伝統により，中京地区は航空機や自動車メーカーを誕生させる土壌がある地域だった。トヨタ自動車は言うに及ばず，名古屋市長の発案によるデトロイト構想によるアツタ号がつくられており，三菱の名古屋製作所，さらには自動車用部品メー

1937年のヂャイアント・ナカノモータース製のREX-1モデル。戦後最初に発売されたのはこの改良モデル。

水冷650ccエンジンは当時の標準的な大きさだった。

カーも数多くある。

デトロイト構想というのは，名古屋地域に新しい産業を興そうと考えた市長が，アメリカのデトロイトのような自動車産業で成立する街にしようと，名古屋を基盤とする機械工業の各社に参加を呼びかけたことで，乗用車とバスがつくられるようになったものである。しかし，この計画はアツタ号とバスのキソコーチの生産以上には発展しなかった。

愛知時計は，戦時体制の中で航空機関係の仕事をするようになり，その部門が愛知航空機として1943年（昭和18年）2月に分離独立したものである。そのまま終戦になり，航空機メーカーから民需に転換を図ることになり，1946年3月に社名を愛知起業に変更，新愛知起業を経て1952年（昭和27年）12月に愛知機械工業になっている。

オート三輪車のヂャイアントの生産を開始するのは，1947年（昭和22年）4月である。敗戦の混乱で，愛知機械でも中島飛行機などと同様に多くの従業員が去っていき，残務整理していた人たちが中心になって興した事業である。

中心になったのは，1924年（大正13年）に愛知時計に入社した技術者の五明得一郎氏だった。エンジンを開発する能力をもっていたから，内燃機の生産販売で事業の見通しを付けることを考えたのは自然であったろう。同じ名古屋に戦前，水冷650ccエンジンのヂャイアント号があり，一定の実績を残していた。水野鉄工所と並んでヂャイアント・ナカノモータース（後に帝国製鋲となる）がオート三輪車メーカーとして1935年からの3年間は年産600台を超える生産実績を残している。

新規事業への参入を図る愛知起業は，オート三輪車としてこのヂャイアント号の製造販売権を戦後になって買い取り，これを元に開発し，ヂャイアントという名前も引き継ぐことになった。

2. ヂャイアントの特徴は水冷エンジン

戦前からヂャイアント号は水冷エンジンを使用するという特徴があり，ダイハツやマツダ，さらにはくろがねといった戦前からの有力なメーカーが空冷エンジンを用いていたのとは対照的で独自性を持っていた。

シンプルでメンテナンスが容易なことがあって，オート三輪車のエンジンは空冷が多かった。オートバイと同じようにエンジンが外部に露出しているので，走行すれば風が当たって自然に冷却ができるという利点があったからだ。

水冷式になると，エンジンの熱を受け取って熱くなった水を冷やすためにラジエターを装着しなくてはならない。空冷の場合は冷却用のフィン（ひれ）を付けるだけですむが，水冷にするとエンジンの中に水の通路を設けなくてはならず，鋳物の製作がむずかしくなる。

水冷エンジンは，メンテナンスも面倒になる。寒い屋外に置きっぱなしにして水が凍ってエンジンが始動しないなどのトラブルが発生する可能性もある。現在のようにいつでも使えるようなロングライフクーラントといった便利な冷却水がなかったから，冬を迎える前と，春になって凍り付かなくなった時期と，年に2回冷却水を交換しなくてはならなかった。さらに，ラジエターの水がなくなればオーバーヒートするから，常に水があるか気にしていなくてはならなかった。ホースのつなぎ目から水が漏れたりすることは，決してまれなことではなかったのだ。こうしたメンテナンスに気を使うことは利便性を好むユーザーには煩わしいことで，水冷エンジンはオート三輪車では敬遠されていたといえる。

しかし，水冷式の方が熱によるエンジンの歪みも少なく，エンジンを壊しかねない

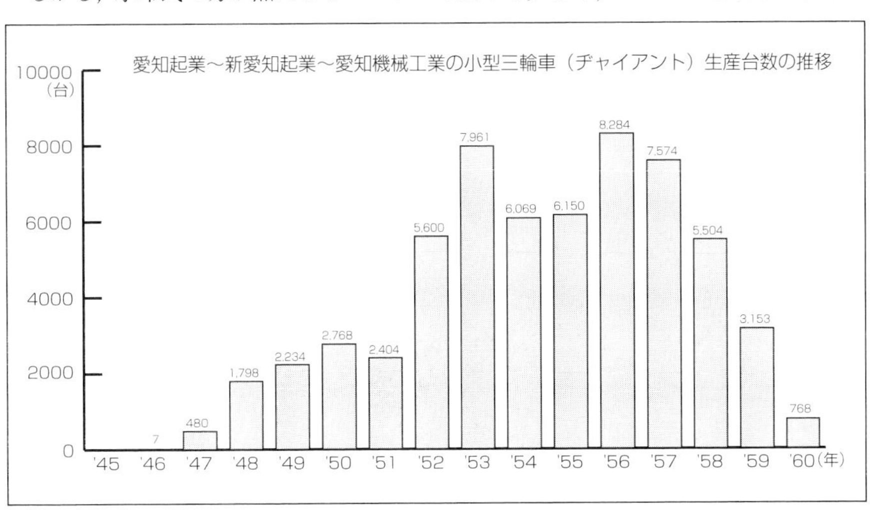

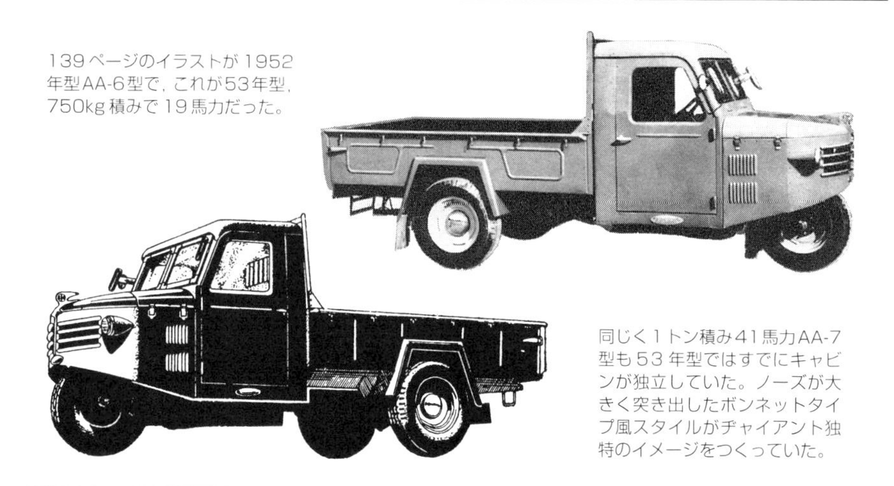

139ページのイラストが1952年型AA-6型で，これが53年型，750kg積みで19馬力だった。

同じく1トン積み41馬力AA-7型も53年型ではすでにキャビンが独立していた。ノーズが大きく突き出したボンネットタイプ風スタイルがヂャイアント独特のイメージをつくっていた。

ノッキングも起きづらくなり，振動や騒音の面や性能的にも有利である。パワーがあることよりも壊れないことやメンテナンスが簡単なことがオート三輪車の必要条件と考えられていたが，オート三輪車といえども性能がよい方がいいに決まっているから，貧しい時代から豊かさを求める時代になると，水冷エンジンが受け入れられる可能性もあるという判断が成立すると考えられた。

エンジンの圧縮比も空冷の場合は1950年代の初めの段階で，5から5.5程度であったが，ヂャイアント用水冷エンジンの圧縮比は6.5ほどになっており，これは四輪車用のエンジンとほぼ同じ数値であった。圧縮比の高さは性能の良さに比例するから，それだけ出力の面でもすぐれていたわけだが，粗悪ガソリンを使用するとノッキングを

1955年モデルのAA-13型に搭載された直列2気筒の水冷オーバーヘッドバルブエンジン。1トン車には従来は水平対向2気筒の1145ccエンジンが積まれていたが，燃費性能にすぐれたボア80mm，ストローク85mmの855cc28馬力に換装している。運転手がまたがるところにエンジンがあるために熱の遮蔽板が取り付けられている。

1トン積みの1955年モデルであるAA-13型は経済性を重視してキャビンは開放式にしている。しかし，風防とサイドに回り込んだプロテクター風のボディパネルが取り付けられていて，助手席に雨や風が入るのを防いでいる。ブレーキは前が定動油圧式，リアが手動機械式である。

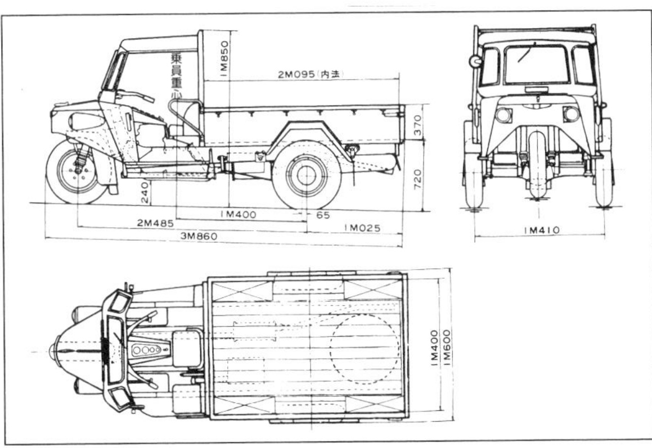

1トン積みとしてはヂャイアントの最終モデルとなったAA-26型。荷台の大きい26K型もあった。

水平対向エンジンは床下に収納されてすっきりとした3人乗車のキャビンになっている。

起こす恐れがあった。いずれにしても，一長一短であるが，水冷2気筒エンジンを使用したオート三輪車は，三井精機のオリエント号くらいのものだったから，充分に個性的であった。

ヂャイアントは，さらに個性を発揮するために，マツダに次いでサイドバルブエンジンからオーバーヘッドバルブエンジンを登場させて，エンジンの分野での先進性を維持する方向を明瞭に示した。855ccエンジンは直列2気筒，1145ccエンジンは水平対向2気筒と，エンジンの搭載性の良さを考慮したエンジンを開発した。出力も，前者は28馬力，後者は42馬力と，1950年代に入ってからのオート三輪車用エンジンでもパワーがあることが重要性を持つ時代に対応したのである。

水冷エンジンの特徴を生かして，運転席の快適性の追求も他のオート三輪車メーカーよりも先に実施している。ヂャイアントは1951年に丸ハンドルにしてキャビンを

水冷エンジンという特徴をもっていたヂャイアントは，オート三輪車の世界にもパワー競争が行われるようになったのを受けて水平対向2気筒エンジンを開発して，丸ハンドル車に搭載した。もっとも小さい1トン車用の905cc36馬力と，2トン車用の1145cc46馬力とがあった。ボアが80mmと90mm(ストローク90mm)の違いで多くの部品は共通である。最終的には右にある水平対向4気筒エンジンを開発，1488cc58馬力となり，トップギアで走る範囲が広くなったことを強調した。

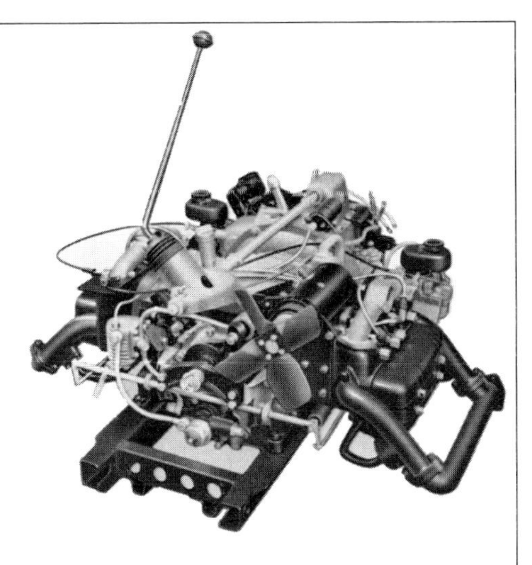

ボア80mm，ストローク74mmの水平対向4気筒AE34型エンジン。圧縮比は7.0である。

独立した仕様の大型オート三輪車をデビューさせている。こうした仕様のオート三輪車が出揃うようになるのは1950年代終わりから60年代の初めにかけてのことだから，いかに愛知機械が早くから出していたかがわかる。

自然空冷式エンジンでは，エンジンに風が当たるようにむき出しになっていなくてはならないから，エンジンを格納するためにはエンジンにファンを取り付けて風を送るようにする強制空冷エンジンにしなくてはならなかった。その点，最初から水冷エンジンを使用していたヂャイアント号はエンジンをほこりや風雨から護るために格納

2トン積みAA-14型は46馬力エンジンを搭載。全長5110mm，荷台長さ3130mm。

チャイアントのフレームはテーパー状になっているのが特徴で，リアの左右のリーフスプリングはダブルにして重荷重に耐えられるようになっている。

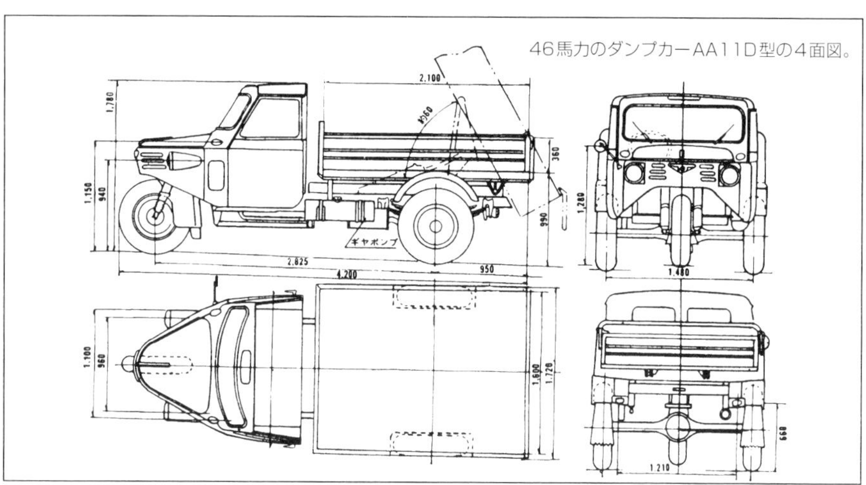

46馬力のダンプカーAA11D型の4面図。

しており，これを利用してキャビンを独立させたりすることが容易であった。その上，全高が抑えられる水平対向エンジンの有利さを生かしてエンジンを床下に収納することで，キャビンをゆったりと広くできた。

このため，ますますヂャイアントは高級感のあるオート三輪車というイメージが定着した。しかし，販売網の構築，宣伝のうまさ，機械設備の効率のよい使い方など，先行するオート三輪車メーカーのまえに，ヂャイアントは一定の支持を得たものの，販売台数でダイハツやマツダなどには大きく水をあけられた状態のままだった。

それでも，くろがねの後退により，1950年代の後半には三菱・みずしまに次いでオート三輪車の販売では4位の座を保ったのだから，大いに健闘したといっていいだろう。とくに，独自にサービス体制を社内に設けている比較的大きな運送会社では，定期的にメンテナンスをしていたから，水冷エンジンであることはマイナスではなく，信頼性の面からもヂャイアント号が選ばれることがあった。

しかし，トヨエースを筆頭とする小型四輪車のオート三輪車駆逐作戦が効果をあげて，1950年代の終わりにはオート三輪車全体の落ち込みが目立つようになった。

愛知機械では，ホープスターやダイハツミゼットが先行した軽三輪車の分野に1959年（昭和34年）3月にヂャイアント・コニーで参入した。ミゼットはまだバーハンドルだったが，コニーは丸ハンドル仕様になっていた。しかし，2ヵ月後に登場するマツダK360がミゼットとともに販売でリードし，コニーは苦戦を強いられた。販売網の弱さもあったが，オート三輪車を思わせるスタイルのコニーは，軽快感のあるミゼットやK360のもつ身近でしゃれた軽三輪というイメージに負けていた。

手軽な輸送機関としての軽三輪のイメージの創出ができなかったのだ。この分野では，機構的にすぐれていることを前面に押し出すことではユーザーの心をとらえることはできなかった。しかし，軽四輪のピックアップトラックのコニーグッピーというおしゃれなスタイルの小さい商用車を開発して，愛知機械のもつクルマづくりのセンスの良さを印象づけることに成功したが，軽自動車の主力は三輪トラックであり，軽四輪トラックであった。

ダイハツやマツダばかりでなく，クルマづくりのうまさを見せるホープスターや遅れて参入したものの力量のある三菱，軽自動車の分野では古くから実績のあるスズキと，軽自動車の分野はオート三輪車よりも競争が激しいくらいだった。

1962年（昭和37年）7月に愛知機械は，ニッサンに対して技術指導を中心とした提携を申し入れ，ニッサンとの関係が生じた。このときのニッサンの社長は日本興業銀行出身の川又克二氏であり，愛知機械の主要取引銀行も同じ日本興業銀行だった。この提携によって，ニッサンから技術担当の役員が派遣されたが，ニッサンでは軽自動車に対してはまったくといっていいほど興味をもっていなかった。1962年と言えば，ブルーバードが走るベストセラーカーといわれていた時代で，乗用車のオーナーが急

2.5トン積みのトラクタートレーラーAA11T型。5トン積みのAA24T型もあった。

積載量が多い割に小回りが利いたので運送会社でも使われていた。

速に増えていこうとしていた。

ニッサンの川又社長は，ブルーバードの売れ行きを伸ばすことに熱心で，このすぐあとに拡大する大衆車市場にマッチした1000ccクラスのブルーバードより一回り小さいクルマ（サニー）の開発の提案があっても，なかなかゴーサインを出さなかったくらいだった。お金のない人はブルーバードの中古車に乗ればいいからと，サイズの小さい価格の安いクルマは利益幅が小さいのでやらない方がいいというのが川又社長の持論だった。ワンマン社長といわれていた川又氏は，愛知機械の生産設備と不動産に対して興味を持ち，軽自動車の開発でニッサンが愛知機械を助けることはなかった。

相変わらず経営が苦しい愛知機械は，ニッサンからの出資を仰ぐことでニッサンの子会社になり，愛知機械を支えてきた生え抜きの社長は会社を去った。日産から派遣された役員が実権をにぎり，ニッサンの下請け工場としての道を進むことになり軽自動車などの生産と開発は切り捨てられた。

ニッサンの傘下に入ってメーカーと一体だったコニーの販売部門は分離されて，やがてニッサンのキャブオールトラック，サニーとトラックの販売なども手がけるニッサン傘下のディーラーに再編された。

愛知機械は，会社そのものは存続したものの，コニーという独自のクルマの開発は中止され，メーカーとしての活動はしなくなり，ニッサン傘下の工場として存続することになった。

関東を中心に活躍したオリエント
(三井精機工業)

三井精機は三井財閥のグループの企業といえども，敗戦による混乱の中ではグループの助けを受けるわけにはいかず，独立して企業の存続を図っていかなくてはならなかった。とくに機械工業の分野は，三井の中心的な事業でなかったから，軍需品を生産して成立していた三井精機は，三井の中では傍流の企業だった。そこで，多くの航空機メーカーと同じように，独自に民需転換の許可を得て新しい分野の製品を開発して活動しなくてはならなかった。

三井精機の前身は1928年（昭和3年）設立の津上製作所で，資本金30万円で東京の蒲田につくられた精密測定機器の製造を目的にした企業であった。その後，1935年には三井の資本が入って500万円に増資し，翌36年に本社と工場を大田区の下丸子に移し，37年には社名を東洋精機としている。

その後も事業の拡張とともに資本金を増やしていき，1941年（昭和16年）には1500万円にして，埼玉県に桶川製作所を設立している。

ここでは主として治具中ぐり盤などの精密な工作機械を製作している。海外からの定評のある工作機械が，戦争の激化によって輸入されなくなったことによって，三井精機の製品の重要性が高まり，軍部からの要請によって，生産規模の拡大が図られた。自動車や航空機などの多くの精巧な部品を組み合わせてつくるものは，優秀な工作機械がなくてはできないことだったからだ。

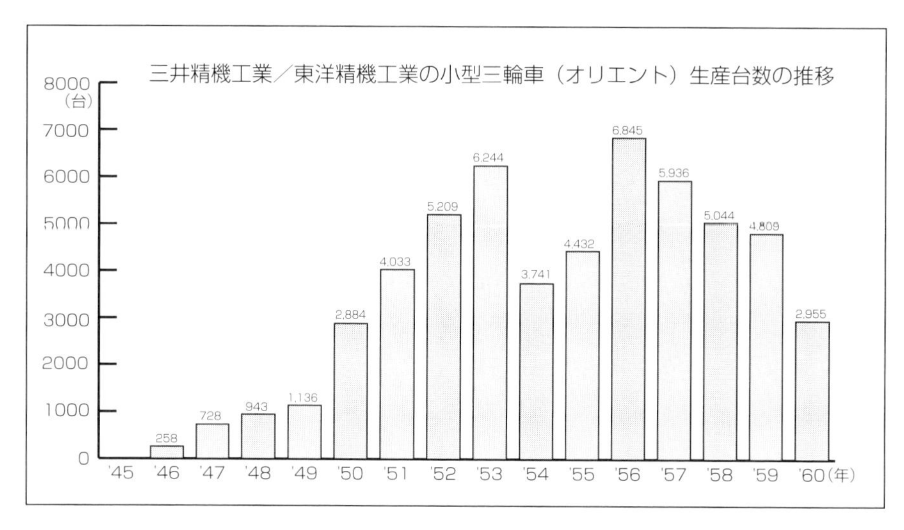

1942年（昭和17年）には，同じグループの三井工作機と合併して資本金を3000万円にするとともに，社名を三井精機工業に改めている。翌43年には戦時体制がさらに強化される中にあって，重要機械製造事業法による指定会社に指名された。三井精機工業のつくる精密工作機械は優秀であることが認められ，将校大臣から表彰され，さらに工場設備の充実が図られた。1944年には軍需会社法による軍需会社に指定され，全面的に軍に協力することになった。

こうした中で終戦を迎えた。他のオート三輪車メーカーと同じように三井精機の民需転換への活動は積極的で，1945年11月には東京製作所と桶川製作所の生産再開に許

1952年型オリエントKF型は空冷1000ccエンジンを搭載，このほかに770cc車があった。

1953年から水冷1300cc直列2気筒35馬力のKM型(上)が登場，1.5トン積みでエンジンが強力であることをアピールした。空冷エンジンの17馬力750kg積み車はLC型に発展した(右)。

可が出された。軍需産業としての活動により制限会社に指定されたり，賠償工場として指定されて活動に制約が加えられたものの，その後解除されたのも他のメーカーと同じような経過をたどっている。

オート三輪車として新規に参入する企業の中では，工作機械メーカーであるのは特殊であるといえるが，工作機械をつくる能力があれば，オート三輪車を開発する技術力はあるといえるし，自分のところにある機械設備を使用して製作することができるという強みもあった。

三井グループであるから，資材の入手などでは多少の便宜を図ってもらえただろうが，戦後の混乱の中では，他の企業の協力などを当てにせずに自主的に活動していかざるを得なかったから，製造から販売まで手がけるのは苦労の多いことだったようだ。東京製作所は精密機械や各種の測定器や冷凍機などを製作，桶川製作所がオート三輪車の開発と製造を受け持つことになり，瀬田工場などはその後廃止されている。

会社名も，最初は従来から使用された三井精機を名乗っていたが，財閥解体指令により，その後の占領軍との交渉などで，三井の名前をはずさなくてはならなくなり，1950年（昭和25年）4月に東洋精機工業と，かつての社名を復活させたが，オート三輪車の宣伝などには旧三井精機と記していた。企業のイメージのためには三井の名前が必要だったのだ。1952年（昭和27年）になって財閥商号使用禁止令が解除されたのに伴って，再び三井精機工業にもどしている。

オート三輪車の名前を“オリエント”にしたのは，東洋精機工業と名乗ったことに由来しているが，戦後の厳しい社会情勢の中でハンディキャップを持って生き抜く苦労をしたことが，こうした社名の変更にも現れている。

オート三輪車の開発は，比較的順調にいったといえる。単気筒の空冷766ccサイドバルブ式エンジンは16.5馬力の手堅いもので，キック式のスターターが付き，ガソリン以外にも軽油やアルコールも使用可能なものになっていた。戦後しばらくはガソリンの入手が困難であったからで，燃費のよいエンジンにするよう配慮された。オーソドックスな設計で750kg積みの標準的な大きさのもので，精密な工作機械をつくっている伝統を生かして信頼性の高いオート三輪車であることをPRした。

初年度である1946年（昭和21年）は258台，47年は728台，48年は943台と有力メーカーに生産台数では太刀打ちできなかったものの，順調に販売を伸ばしていった。

1956年モデルの1トン積みオリエントTR-1型は丸みを帯びた独特のスタイルの二つ目ライトになった。この7尺ボディのほかに8尺ボディのTR-2型もあった。

梯子型のフレームは鋼板プレス製で，エンジンは座席の下に置かれている。サイドに大きく回り込んだボディパネルの上部にサイドガラスがあって，乗員の快適性向上が図られている。

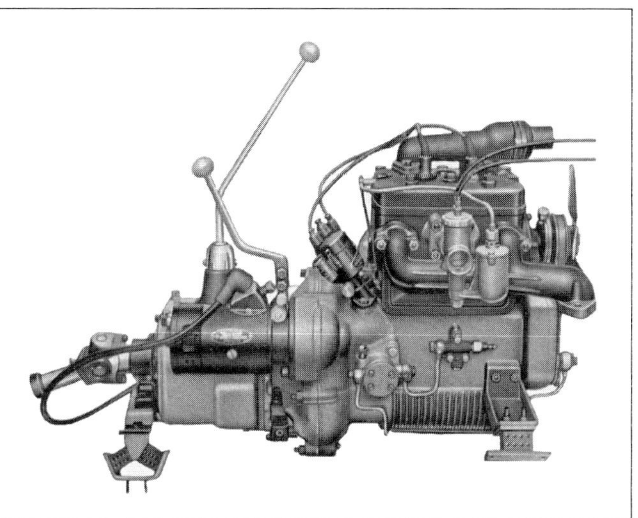

TR系の水冷4サイクルのサイドバルブ905cc直列2気筒エンジン。29馬力，圧縮比は6.5，ウエットトライナー式の冷却で，シリンダーにはライナーが入っていて，摩耗してもライナーの交換で済ますようにしている。シリンダーのクロームメッキに凹凸があって，オイルを保持することで，潤滑性能を高めていた。オイル消費の少ないことは当時は重要なことだった。

49年は1136台、50年に入ると2884台に伸ばしている。

オート三輪車メーカーは関西地区などに有力メーカーが多く存在し西高東低の傾向があるが，オリエントはくろがねと並んで首都圏を地盤としており，販売も関東が中心であった。三井グループの一員といっても，三菱重工業のなかにあるみずしまとは設備や技術者の数なども違っており，企業規模でもハンディキャップがあった。

それでも，1950年になると，販売の伸びに助けられて過剰な積載量にも耐えられる

1958年の1トン積みBB型から丸ハンドルの独立キャビンになった。

エンジン配置やフレーム形状などは旧型と変わりないが，荷台の位置を下げるように配慮してすっきりとさせている。リアサスペンション用のリーフスプリングは荷重に耐えるようにメイン7枚に補助スプリング5枚が重ねられている。

フロントはオレオフォークを採用している。

エンジンカバーを外したところ。メンテナンスの容易さが特徴。

ようにフレームを頑丈にするなどの改良を加え，さらに大型化の波に乗り遅れないように1272cc直列2気筒の水冷エンジンを搭載する1.5トン積みのオート三輪車をラインアップに加えた。

オート三輪車用エンジンで水冷にしているのは愛知機械のヂャイアントだけで，オリエントの大型車がこれに次ぐものとなった。エンジンの信頼性と性能向上により特色を出そうとしたものである。オリエントの766cc空冷エンジンは圧縮比が4.7であるのに対し，1272cc水冷エンジンは6.5という高い圧縮比となっている。最高出力は35馬力/3400回転と，エンジン回転は低く抑えて，トルクのあるものにすることでオート

運転席まわりは操作しやすいようにスイッチ類やレバー類がレイアウトされており，メーターパネルも四輪車並のデザインになっている。乗員用のシートのクッションもやわらかく背もたれまで装備されている。丸形ハンドルのステアリングレバー比は11：1で，復元性もよくなっているという。

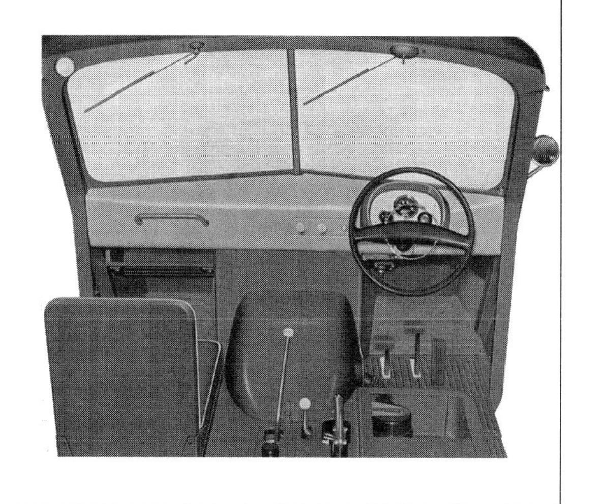

三輪車用として使いやすく燃費のよいものにしている。

これによって，1951年（昭和26年）は4033台，翌52年には5209台と販売台数を増やした。日本社会が戦後の混乱から立ち直ってきたことで需要が伸びたことに助けられ，コンスタントに月産500台を超えるようになった。このため，増産体制を敷くようになったが，1954年になると景気が後退して販売が低迷してきた。

こうなると，オート三輪車メーカーとして余裕のあるところとの差が明瞭になってくる。残念ながら資本力や販売力で有力メーカーに太刀打ちできない三井精機は，経営的に苦しくなってきた。

販売代金の回収に関しても焦げ付きが多くなり，資金繰りが付かなくなったのだ。

オリエントの名を消さないようにするために，日野自動車が支援することになった。戦後になって大型バスやトラックを製作販売していた日野自動車は，戦前からのディーゼルエンジン技術を生かして安定した業績を上げていた。1950年代の後半から60年代にかけて乗用車が主流になるまでは，トヨタやニッサンよりもいすゞや日野の方が経営的には余裕があり，その勢いを持って日野はフランスのルノーと提携してルノー4CVを国産化することで，乗用車部門に進出して総合自動車メーカーになろうとしていた時期であった。

再建策の一環として，もっとも需要が多い1トン積みオート三輪車がラインアップに加えられることになった。905cc直列2気筒25馬力エンジンを搭載したSG型で，スタイルも一新された。さらに，その後はキャビンなども含めて部品の共用化が図られ，コスト削減と販売の増加を図った。販売は従来のオリエントの契約店に加えて日野自動車販売が活動することになった。

1956年（昭和31年）になって，フロントに平面ガラスを用いながらスマートなスタイルで，エンジン性能を一段と向上させたTR型シリーズが登場してオリエントのイメージをさらによくする効果があった。しかし，この頃から小型四輪トラックの攻勢が本格化してきて，オート三輪車の需要は落ち込むようになってきた。

企業としての生き残りのために，三井精機でも軽三輪の分野に手を広げることになった。1959年にハンビーと名付けた軽三輪トラックを発売したが，ブームとなっていたミゼットに似たスタイルで，独自性を出すことができず，その後も目立ったヒットを出すことができなかった。

オリエントのオート三輪車も細々と生産を続けたが，1963年（昭和38年）に桶川製作所の軽三輪を含めた活動を中止し，東京製作所における精密機械などの分野に絞って活動することになり，戦後からのオート三輪車の活動は幕を閉じたのだった。

1959年発売のハンビーEF10型（上）と1961年発売のハスラーEM10型。

小資本の新興勢力だったサンカー

(日新工業)

戦前派のダイハツやマツダやくろがねを除く戦後派の多くは航空機産業などの巨大企業が，民需転換を図るための生業（なりわい）としてオート三輪車メーカーになったものが多い。三菱に見られるように，航空機からオート三輪車への転換は，やむを得ないこととはいえ，技術的に高度なものから下ってきたという意識を持って取り組んだものだった。

その点で，戦後の8大オート三輪車メーカーのなかで，日新工業，後のサンカー製造は，大資本の系列や大工場と設備をもって運営してきた企業とは違う唯一のメーカーであったといえる。すぐにオート三輪車の開発や製造ができるような機械設備も技術者も抱えていたわけではなかったが，他のメーカーに伍して活動していったことは大いに注目される。

会社自身の履歴も新しく，1936年（昭和11年）に資本金10万円でスタートした町工場の大きなものであった。創業と同時に事業を拡大していったのは，時代の波に乗る兵器の部品の製造であったからだ。最初は東京の亀戸に工場をもっていたが，1938年には早くも事業の拡大のために神奈川県川崎市今井上に本社と工場を移転した。航空機用の部品の製作を中心にして，小田原にも工場を建設している。部品としては，車輪や各種の油圧装置，小型機のウイングやタンクなどであった。資本金は200万円に増資されたものの，事業の割に多くの資金調達をしていないのは，海軍や陸軍からの

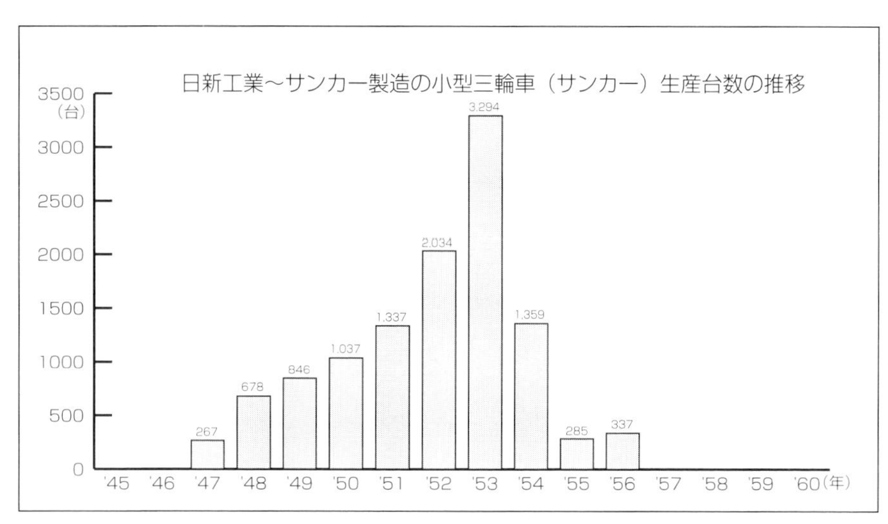

受注で，支払いが遅滞することなく，支払い条件もよかったためのようだ。したがって，中小企業ではあっても，戦時中は安定した運営で，ある程度の資産の蓄積もできていた。

終戦によって，新しく出直さなくてはならなくなったが，残務整理などですぐに民需転換していない。川崎にある本社工場が民需転換の許可を得たのは1946年（昭和21年）4月のことで，自動車用部品の製作を開始している。その前後からオート三輪車の開発の準備を始めている。

日新工業がオート三輪車に目を付けるようになったのは，この会社の社長が吉崎良造氏であったからだ。もともと自動車の販売の世界ではよく知られていた人物で，ニッサンがダットサン商会を設立したときに自動車販売で知られていた梁瀬商会からスカウトした吉崎氏を代表にしている。これは1932年（昭和7年）のことで，ニッサ

1950年代初めまでのサンカーL型は空冷V型2気筒1100ccエンジンを搭載した1トン車。

1952年型の1.5トン積みサンカーJA型。全長3960mm，ホイールベース2615mm，荷台長さ2270mm，車両重量965kg。

ンがダットサンの販売権を取得して東京地区での販売を伸ばそうとするもので，まだダットソンという呼び名であった。

この日本で最初の本格的なオーナーカーであり，量産車であるダットサンは脱兎号の流れを汲んでいることから，ダットの子供という意味で，ダットソンと名付けられたが，販売するに当たって吉崎氏は，“ソン”は損につながるからよくないとして縁起の良いサン（太陽，つまり日輪）にした方がいいとダットサンに改名したのだ。アメリカからの輸入車であったハドソンも縁起を担いでハドスンと呼ばれるようになっていた例があった。

販売を担当するといっても，当時の自動車はエンジン付きのシャシーフレームとして完成させ，それに購入者の好みのボディを架装することが多く，ある程度の技術的な素養も持っていなくてはならなかった。関東でダットサンの販売を伸ばすには優秀なボディデザイナーが必要であると考えた吉崎氏は，梁瀬からゼネラルモータースに転じていた田中常三郎氏をスカウトして，ニッサンの最初のボディデザイナーとして手厚く迎えた。田中氏が1人乗りだった小型乗用車のダットサンを4人乗りに改造し，クーペやロードスターなどのバリエーションをつくり，ダットサンのその後の販売に大いに貢献した。

その後のダットサンの販売は日産財閥の首脳，鮎川義介氏の子飼いの人たちが中心になり，吉崎氏は日産を離れて新しい仕事についたのだ。

自動車業界のことに詳しい吉崎氏は，戦後の民需用としての自動車は新しい市場を開拓することが可能であり，前途は明るいと思ったが，四輪自動車に進出することの難しさを知っていた。資本力や販売力，さらにはエンジンを初めとする技術開発力な

1953年に発売された1トン積みのL 型は二つ目ライトにして簡易ドアも装備されたものに変身している。全長4070mm，ホイールベース2485mm，荷台長さ2400mm。

どの総合的な企業の力量が要求された。その分野に参入するには日新工業は力量不足であるという認識を持たざるを得なかった。

しかし，オート三輪車なら何とかなるかもしれないということで，これを中心にした企業として活動することに的を絞ったのだ。

技術的なことを知る経営者といっても，実際のオート三輪車の開発となれば，それができる技術者がいなくてはならない。他の巨大企業は，それぞれに優秀な技術者を抱えていたから，参考になるモデルさえ手に入れることができれば，自分たちの手で開発することは可能であった。しかし，日新工業ではそうはいかなかった。

そこで，吉崎氏は眼鏡にかなう技術者をスカウトすることにしたのだ。自動車の世界に広い人脈を持つ強みを発揮して，日本内燃機の製造部長であった中村賢一郎氏を開発の責任者として招くことにしたのだった。

中村氏は，くろがねの創業者であった蒔田鉄司氏とともに，大正時代に白楊社でクルマづくりを学んだ技術者であった。蒔田氏と同じく東京の蔵前にあった東京高等工

サンカーの1105ccEC型エンジンはサイドバルブ方式の空冷90度のバンク角を持っているので，V型2気筒を寝かせてL型に配置している。こうするとタペットクリアランスの調整などのエンジンのメンテナンス作業がしやすくなる。また，デストリビューターやオイルポンプなどのレイアウトもうまくできる利点がある。ボア80mm，ストローク110mm，圧縮比5.0で出力は27馬力，変速機は前身4段，セル及びキックスターター付き。

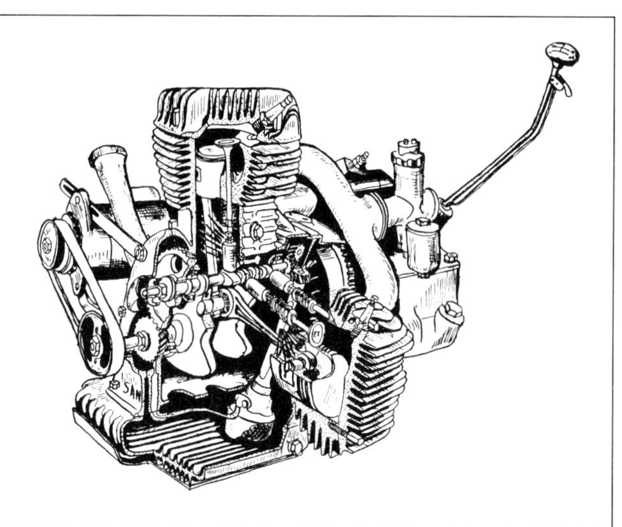

業（東京工業大学の前身）出身で，白楊社及び日本内燃機で技術者として腕をみがき，戦後に日新工業の専務として迎えられたときは50歳代の円熟期であった。

中村氏は戦時中の日本内燃機では蒔田氏の跡を継いで製造部長として技術関係のトップとして活動していたから，日新工業のオート三輪車は技術的にはくろがねと類縁関係にあるものになっている。

同社のオート三輪車は，サンカーと名付けられて1947年（昭和22年）から発売されたが，他のメーカーよりも若干遅れたスタートだった。しかし，まだ戦後の混乱の残る時代のことで，つくるそばから売れたから，その遅れはハンディキャップにはならなかった。

エンジンは空冷単気筒847ccで750kg積みのオーソドックスなものだった。サンカーという車名は，三輪車の3（サン）にカーを付けたもので，吉崎社長の命名であるが，サンというのは日新の日でもあり，ダットサンのサンにもかけたものであった。

1949年に吉崎氏が他界したために，中村氏が後任の社長に就任した。技術者の社長になったわけだが，オート三輪車メーカーの競争が次第に激しくなるなかで，資本力や販売力のハンディが目立つようになってくる。

中村社長になって一段と技術志向を強めるようになり，それがサンカーの特徴にもなった。同じような排気量のエンジンを搭載した750kg積みと1トン積みがあり，1ト

空冷847ccEB型エンジンは45度のバンク角のV型2気筒で，依然としてサイドバルブタイプで21馬力，変速機は前進3段だった。

EB型エンジンを搭載するサンカーFC型は750kg積みでスタイルも1954年型で一新した。最高速度は60km/h，リアのフェンダーの膨らみが特徴だった。

1955年型として登場したサンカーが最終モデルとなった。上は1100ccエンジンを搭載した1トン積みのLD型。エンジンは変わらないがあか抜けたフロントスタイルとなり，人気回復を図ろうとした。

同じく850ccエンジンのHA型も1トン積みで，エンジンはオーバーヘッドバルブタイプの新型を搭載，パワーも31馬力に引き上げられた。LD型の荷台が8尺であるのに対し，こちらは7尺である。

ン車のほうはエンジン回転を上げ圧縮比も高くした高性能エンジンを搭載していた。750kg積み車は圧縮比5で21馬力/3500回転と他のメーカーのエンジンと同等であるが，1トン車は圧縮比6.6で31馬力/4200回転と750kg積み車より10馬力もアップしている。この性能は四輪乗用車用としても良い線をいっているくらいのもので，オート三輪車エンジンとしては異例ともいえる性能であった。

売れ筋の1トン車用エンジンとしてV型2気筒の1105ccエンジンを搭載したものもラインアップに揃えている。この90度V型2気筒エンジンは，一つが垂直に立ち，もう一つが水平に寝るかたちのL型配置に搭載された。上方に広がるように配置する一般的なものより，エンジンのメンテナンスがしやすいという利点があった。潤滑でも有利ということで，この搭載方式はサンカー独特のものであった。

無理してユーザーの要望する大型化に添うような車両の開発をすることなく，部品の共用化を図るなどの努力が続けられた。

その後も，いろいろと凝った機構を採用して特徴を出したが，オート三輪車の販売が全体として伸びるようになると，量産効果を上げて合理化と，性能や装備の充実を図る競争に付いていくのが次第に苦しくなってきた。有力メーカーが設備を整え，次々と新装置を採用してライバルに差を付ける戦略が効を奏するようになると，企業規模の大きさが問題になってくる。

さらに，オート三輪車メーカーそのものが小型四輪トラックにシェアを奪われる時代がやってくると，有力メーカーの後塵を拝しながら活動していたメーカーが生き残れるチャンスがなくなっていくのは時代の流れであった。日新工業は1954年（昭和29年）の不況で経営が行き詰まった。そこで助け船として政治家の有田二郎氏が後ろ盾となり，再建が図られた。企業名も日新工業からサンカー製造に改められたが，抜本的な改革をすることができず，それ以降も数年の間わずかにオート三輪を生産するだけで姿を消した。

1951年FA型のカタログ。V型2気筒で最高出力21馬力。

川西航空機を前身とするアキツ
(明和自動車工業)

戦前派の3メーカーに対して戦後派は5メーカーといわれており，そのうちの3つが航空機産業からの転身である。戦前の航空機メーカーは，すべて日本軍部の受注に支えられた産業であったが，先進諸国に負けないようにと国家の存亡を賭けた技術競争が繰り広げられた。優秀な技術者と精密な機械設備をもった航空機メーカーがつくられ，それらの間でも競争があったものの，国家の目的に合致するように，それぞれに役割分担していた。戦争が激しくなるにつれて，航空機の製作増強要求は増すばかりで，どのメーカーも工場を新設するなど拡張が図られた。技術的にすぐれたものでなくてはならないにしても，航空機メーカーは国家からの要請や受注による製造で，軍部からの要求に応えることが重要だった。この点，使用する側の要求に応えるという民間の商品開発とは根本的に異なるものだった。

兵器としての航空機は信頼性を確保するために高価な材料を使用するなどして，コストをかけることに抵抗感が少なかった。性能が良ければ，コストがかかっても問題にならないのが当然の世界だったのだ。

こうした航空機メーカーの体質は，戦後の民需転換に際して障害になったといえる。ユーザーの要求するものを量産して提供する商品の開発は，それなりにノウハウがあり，単にすぐれた技術を持っていればいいというものではない。四輪車メーカーでみても，戦前からのトヨタやニッサンに比較して，中島飛行機を前身とするプリンスや富士重工業は戦後のしばらくは苦戦しているし，オート三輪車メーカーでも，戦前からのダイハツやマツダに対して戦後派のメーカーは，いずれもその差を埋めることができなかった。ユーザーの要求に応えることの重要性が分かっているかどうかの違いがあったからだ。

川西航空機も，飛行機メーカーとしては三菱や中島に次ぐ伝統を持っており，戦時中は関西方面から四国にかけて多くの工場を持ち，最盛期の従業員は76000人を数えたという。その創業に関しては，中島飛行機との因縁が深いメーカーである。

海軍の技術将校だった中島知久平氏は，日本軍部にとって航空機が将来の重要な兵器になるという見通しを立てて，早くからその研究をしていたが，海軍を退役して自ら飛行機研究所を設立したのは1917年（大正6年）のことである。群馬県出身の中島氏は，地元の有力者の支援を仰いで資金を集め，国産航空機の開発に乗り出したのだ。ちょうど第一次世界大戦の最中で，航空機のもつ兵器としての威力に注目が集まっており，軍部もこれに強い関心を示していた。

ところが，1年もしないうちに資金提供者が破産して，その管財人になったのが神戸の富豪の川西甚兵衛氏である。管財を引き受けるなかで，航空機メーカーの将来性に着目したのである。早速，資金提供を申し出て，航空研究所は合資会社日本飛行機製作所に改組され，中島氏は所長に就任して経営陣は川西の方から送り込まれた。

軍部のなかで中島氏の考えに同調して応援する人たちに支えられて，航空機の開発を進めたものの，最初から順調にできるわけではなく，試行錯誤をくり返しながら，海外からエンジンを購入したり，ライセンス契約をしたりしながら，将来に備えていた。

中島氏はもともと独断専行することが多く，川西から送り込まれた経営者たちは常

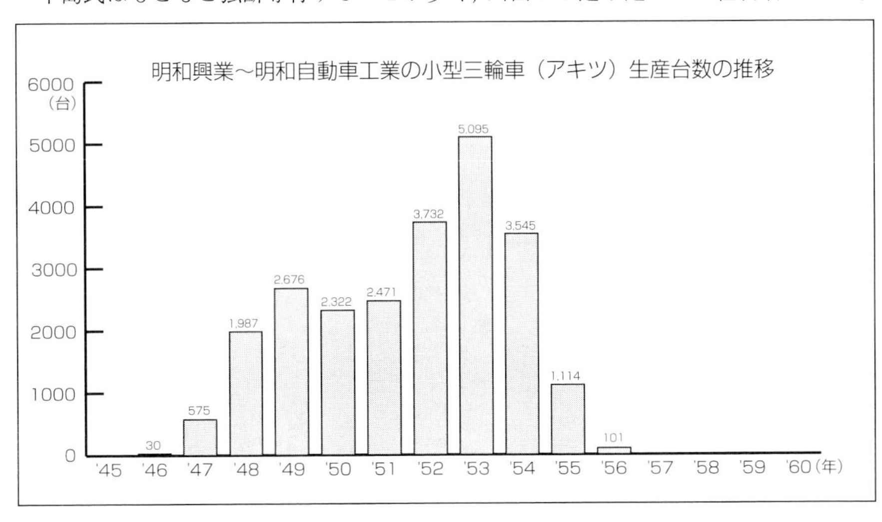

空冷単気筒825ccエンジンを搭載したアキツC-32型はロングボディタイプである。

1952年型はフェンダーの形状や前輪にオレオフォークを採用するなど変身している。1トン積み。

にハラハラさせられ，アメリカから100基もの高価なエンジンを一どきに購入してしまった中島氏の決断に不安を抱き，突然中島所長を解雇する手段に出た。

しかし，航空機の開発のために集めた人材は，中島氏に付いてきた人たちが多かったから，この解雇は大きな経営問題となった。川西側では資金を持たない中島氏に，会社を買い取るか，それができないなら解雇に応じろと迫ったのだ。海軍将校が仲介して資金を集めることに成功して，中島氏が経営権を握る会社となり，社名も中島飛行機になった。

一方の川西氏のほうも，このまま航空機産業から手を引く意志はなく，1920年（大正9年）に兵庫県の西宮にある川西製作所のなかに航空機部を設立，1928年（昭和3年）にこの部門が川西航空機として独立している。こうした経過がなければ，中島と川西は一つの航空機メーカーであったことになる。

川西航空機が主に製作した航空機は，97式水上偵察機，97式4発飛行艇，紫電及び紫電改局地戦闘機などで，終戦までに2866機をつくっている。このほかにも航空機用

1953年になって1トン車はC-33型になり，風防と幌のルーフが付けられた。全長3766mm，ホイールベース2485mm，エンジンは単気筒サイドバルブ式850cc21馬力。

同じく53年型の2トン積みF5S型。全長4940mm，ホイールベース3150mm，荷台長さ3000mm，エンジンは直列2気筒オーバーヘッドバルブ型1450cc45馬力を搭載する。

エンジンやその補機類などを製作していた。

中島飛行機と同様にまったくの軍需工場としての活動だったから，終戦と同時にすべての活動を停止した。翌年になって，会社の商号を明和興業に改めて民需の転換を図ることになった。オート三輪車のほかにオートバイも手がけることになり，1949年（昭和24年）になって，企業再建整備計画により，オート三輪車を中心とする明和自動車工業と，オートバイや航空機部品や農業用石油エンジンなどをつくる新明和工業に分割することになった。ホンダやスズキに次ぐ有力メーカーとして新明和は“ポインター”をつくって関西を中心とするオートバイファンには多くの支持を得ていた。

“アキツ”と名乗った明和自動車のオート三輪車は，4サイクルのサイドバルブ空冷

アキツの最終モデルとなった2トン積みの45馬力のF6型はスタイルも大きく変わっている。

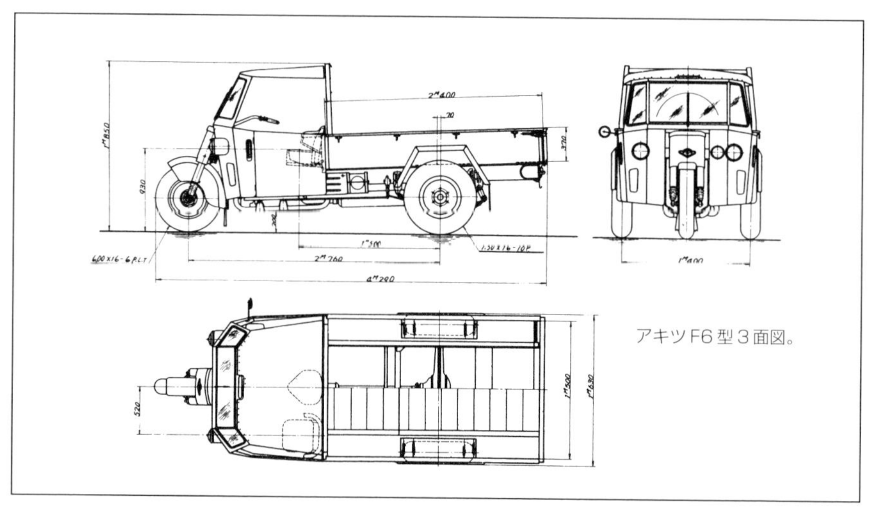

アキツF6型3面図。

ヘッドライトは二つ目になり，エンジンは強制空冷なので居住空間も独立タイプに近いものになっている。1.5トン車と2トン車があった。

単気筒670ccからスタート，排気量を825ccへと拡大，最終的には850cc21馬力となっている。積載量は750kgから1トンまであった。

1946年（昭和21年）は30台の生産だったが，47年には575台，48年には1987台，49年は2676台と増やしていった。さらに，1950年（昭和25年）の朝鮮戦争による特需景気があって，1951年は2471台，52年は3732台と順調な伸び率を示した。

しかし，次第に売り手市場で現金を積まなくては品物は渡さないというビジネスが通用した時代から，商品力がものをいう，販売力を無視することができない時代になって，アキツの伸び悩みが目立つようになった。

マツダやダイハツが新型オート三輪車を投入するようになり，それに並ぶだけの信頼性や性能を持ったものでなくてはユーザーに支持されなくなった。技術力だけでなく，開発と施設に資金を投入する必要があったが，ここで遅れをとったアキツは，その後のオート三輪車ブームにうまく乗ることができなかった。

これを挽回するために出した空冷オーバーヘッドバルブの2気筒1450ccの45馬力エンジンは，1954年3月の時点では小型車枠にもっとも近いもので，オート三輪車用エンジンとしては最大のものを搭載したのであった。全長も4290mmと長く，全幅1630mm，ホイールベースは1.5トン車が2760mm，2トン車が2850mmだった。ミッションも前進4速，最高速は70㎞/h，燃料タンクは30リッターだった。ヘッドランプはそれまでの一眼から二眼式になったが，あか抜けたスタイルになっているとはいえなかった。

1953年は5000台を超える生産台数を記録したものの，翌54年は4000台を割り込むことになり，販売したオート三輪車の代金の回収もうまくいかず，苦境に立たされた。満を持して投入した新型モデルの販売も思うように伸びず，結果としてこれが命とりとなった。

1955年6月には工場の閉鎖に追い込まれたが，取引銀行の三和銀行が再建に乗り出した。同じように三和銀行と取り引きのあったダイハツが，銀行と折半で出資して新しく旭工業として再スタートを切ることになった。社長はダイハツから送り込まれ，アキツブランドのオート三輪車の代わりに，この工場で販売を伸ばしているダイハツのオート三輪車がつくられることになった。これにより，アキツ号は姿を消し，後にミゼットの生産工場となった。

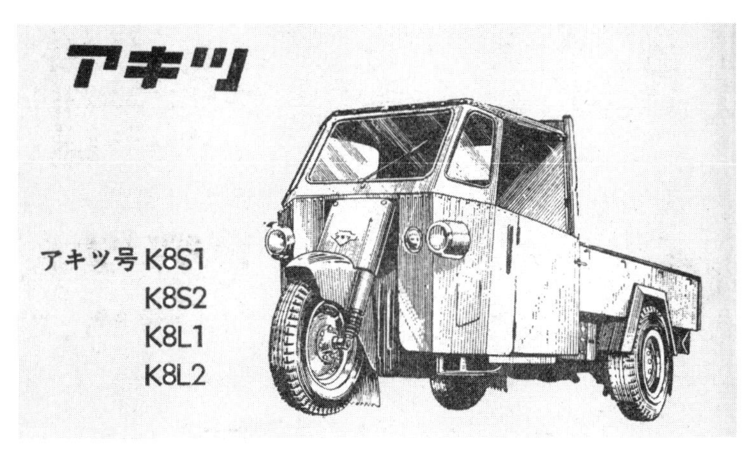

K8型。K8Sは全長4010mm，K8Lは全長4265mmとなる。

オート三輪車の誕生と戦前の動向

日本は，江戸時代における移動手段の中心が徒歩や駕籠という人力に頼るものが多く，スピードを上げることに熱心ではなかった。欧米では馬車が発達し，道路も走りやすいように整備されたのとは対照的だった。江戸時代の社会体制は，徳川幕府を維持することが最大の目的でつくられた制度であったから，社会を変えるような動きは極力避けられ，進歩が認められない社会だった。

変革を好まない江戸時代が終わり，文明開化の時代になると，欧米の進んだ技術が採り入れられ，明治の終わり近くになって，自動車も日本で見られるようになった。中央集権国家となり，都市に人口が集中するようになって，現在とは比較にならないとしても，人間や物資の移動も次第に活発化した。

それでも明治時代は動力付きの輸送機関が一般に用いられるのは稀であったが，大正時代の後半，つまり1920年代に入ると，少しずつその数が増えてきた。日本でも明治時代の終わり近くから，国産の自動車がつくられるようになったが，いずれも企業として成立するような分野ではなく，この時代のものは技術的な挑戦であったり，好事家の道楽に近いものであったりした。企業化をめざして活動し，自動車の歴史に残っている白楊社のオートモ号や快進社の脱兎号も，クルマとしての完成度とは関係なく，ビジネスとして成功したものとはいえなかった。

日本の自動車史のなかで，大きな転換点となったのは，フォードとゼネラルモータースの日本進出である。フォードが横浜に部品をアメリカから取り寄せてノックダウン方式の組立工場を完成させたのが1925年（大正14年）のことで，これに2年遅れてゼネラルモータースが大阪に同様の工場をつくった。

アメリカの大量生産方式による進んだ技術でつくられた自動車が日本国内で販売されるようになって，ますます国産の自動車は影の薄い存在になった。もちろん，とんでもなく高価だった自動車は，ごく一部の富裕階級が所有する以外には，法人需要や営業用であった。ハイヤーやタクシーが走るようになったのも，アメリカのメーカーが日本で組立を始めてからのことである。

アメリカのメーカーが日本に進出するきっかけは，1923年（大正12年）9月の関東大震災後の復旧のためにT型フォードを1000台発注し，800台輸入したことであった。壊滅した東京の輸送手段として，輸入したT型フォードはバスに改造されて市民の足として活躍した。自動車のもつ便利さが生かされたのである。これを見たフォードは，日本に自動車の需要が見込めるとして，アジアで初めての工場建設に踏み切った。ゼネラルモータースも負けじと続いた。

フォードもゼネラルモータースも，販売網を確立し，販路を増やしていったが，月産2000台程度の売り上げがあり，日本への進出は成功であった。

大正から昭和にかけては，明治維新後の近代化に一つの区切りがつけられて，さらに新しい段階に入ろうとしていた時代で，自動車の普及もそうした時代の背景があってのものである。1918年に終了した第一次世界大戦に日本は部分的にではあったが参戦し，目を世界に開き，国内も鉄道網の整備も進み，庶民の生活の仕方にも変化が見

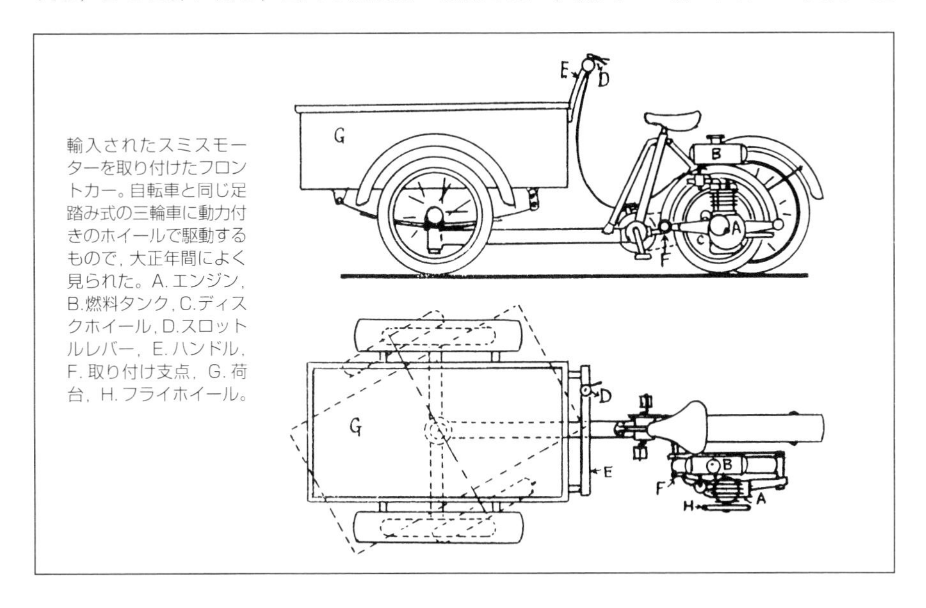

輸入されたスミスモーターを取り付けたフロントカー。自転車と同じ足踏み式の三輪車に動力付きのホイールで駆動するもので，大正年間によく見られた。A.エンジン，B.燃料タンク，C.ディスクホイール，D.スロットルレバー，E.ハンドル，F.取り付け支点，G.荷台，H.フライホイール。

られるようになった。こうした背景の中で，日本独特のクルマともいえるオート三輪が登場してきたのである。

1. オート三輪のことはじめ

大口のものや大企業の輸送には，当時から主力は鉄道と船であった。小口の輸送の多くは人力に頼る大八車で，自転車でさえ高価なものだった。関西方面で多く見られたのが，三輪自転車である。フロントカーと呼ばれた，前2輪・後ろ1輪で，前の車輪の間に荷物が積載できるようになっていて，自転車と違って，止まっている状態でも安定しているという利点があった。いずれにしても，人力を頼った輸送では，重い荷物を運ぶのは大変で，坂道などでは難渋した。上り坂の下のところには，立ちん坊といわれた職業の人がいて，こうした自転車や大八車を後ろから押して坂を登り切ったところで，幾ばくかの謝礼をもらうことで生計をたてていた。

輸送に動力を用いて，運搬する人の労力を助けることが求められたのは必然的なことだった。大正年間になって輸入されたのが，スミスモーターホイールである。戦後にホンダなどが自転車に取り付けたエンジンと似たようなものであるが，こちらのほうは小さなホイール付きのエンジンで，これを自転車や三輪自転車に取り付けることによって，動力としての用を足すものである。単気筒4サイクル167cc，1.5馬力程度で，その後2馬力になったが，小口の輸送ではとても便利なものであったという。

とはいえ，大正年間には自転車そのものの価格は富塚清著『日本のオートバイの歴史』によれば1台100円もしたというから，非常に高価なものであった。そのうえ，アメリカから輸入されたスミスモーターホイールは，それと同等以上の価格であったから，だれでも購入できるものではなかった。

大阪は江戸時代から商人の街として栄えた関係で，中小企業も多く，進取の気性に富んでおり，新しいものに興味をもつ側面があった。1917年（大正6年）に大阪の中

大正初期の一輪のリアを駆動し前に荷台を付けたフロントカーで，パイオニア的存在のものである。

1922年(大正11年)にリアに荷台を付けた，その後のオート三輪車の原型となった鋼輪社のKRS型。

商店などの運搬に使われるようになり，次第に普及していった。三菱商事が扱っていたマツダDA型。

戦後トヨモーターをつくった川真田和汪氏製作の750cc三輪車は，珍しい丸ハンドル車だった。

央貿易商会がスミスモーターの販売権を獲得して一手に輸入するようになった。自転車の製造も大阪が中心で，この時代には現在の自転車とほぼ同じような機能と部品のものがつくられていた。各部品をつくる小さい企業があり，部品の規格も統一されていて，それらを購入して組み立てれば自転車として完成するようになっていた。

こうした背景があって，初期のオート三輪ともいうべきモーターつきのフロントカーは，大阪を中心に広まっていった。スミスモーターは，自転車にも取り付けることが可能で，比較的手軽な動力としてよく知られるようになった。

荷物を前に載せて足でペダルを漕ぐ三輪車がつくられ，これにスミスモーターを取り付けたのが同じく大阪の中島商会のヤマータ号であった。第一次世界大戦による好景気で，1916年（大正5年）に発売されて評判を呼んだという。

トヨタ自動車を興した豊田喜一郎氏も，エンジン技術の修得のために最初に分解・研究したのが，このスミスモーターであったのはよく知られている。これと同じものを自分たちの手でつくることで，トヨタのエンジン技術修得の歴史が始まったのだ。

日本で最初にガソリンエンジンを自らの手で開発したのは，島津楢蔵氏であることが定説になっている。氏はまず航空機用エンジンを開発，その後はオートバイ用のエンジンであったが，スミスモーターと同じような小型エンジンを1916年に製作した。大阪の浪速区にあった石原モーター工業所と協力して開発したもので，3.5馬力であったという。これも，フロントカーに取り付けて市販されたようだが，あまり数がでなかったのは，信頼性や価格の面でスミスモーターに太刀打ちできなかったのかもしれない。それにユーザーは舶来品への信仰に近い信頼感を持っていた。

この時代になれば，この手のシンプルなエンジンくらいは日本人によってつくれるようになってはいたろうが，小さい企業では，信頼性のある鋳鉄の入手やそれぞれの部品の購入や製作も容易ではなかったろう。

オート三輪車という言葉が用いられるようになったのは，1922年に山成豊氏の経営する鋼輪社（KRS）が，スミスモーターを使用して，前1輪・後ろ2輪の動力付きの三輪車をつくったことからだといわれている。

人力車の梶棒の下にホイールを取り付け，エンジンは前後のホイールのあいだに位置した，その後のオート三輪の原型ともいえるものだ。このオート三輪は，走り出してスピードがのると，エンジンの動力が切れるようになっていて，乗り手が地面を

イギリスのエンジンメーカーであるJAP社は，イギリス国内ではレーシングエンジンに使用されるなどして，戦前では有力メーカーであり，信頼性もあり，日本にもかなり輸入されて，オート三輪車に搭載され，スタンダードともなったものである。4サイクルサイドバルブ式単気筒500ccだった。

下はJAP5エンジンのもので，補修用に販売するために番号が付けられているパーツリスト。それぞれの価格も記されており，ピストンは6円，特別製は7.6円，バルブは1.5円で特別製は2円，ライナー付きコンロッド9円，フライホイール25円，クランクケース合計77円(上右の二つ)吸気及び排気各バルブ2円など。

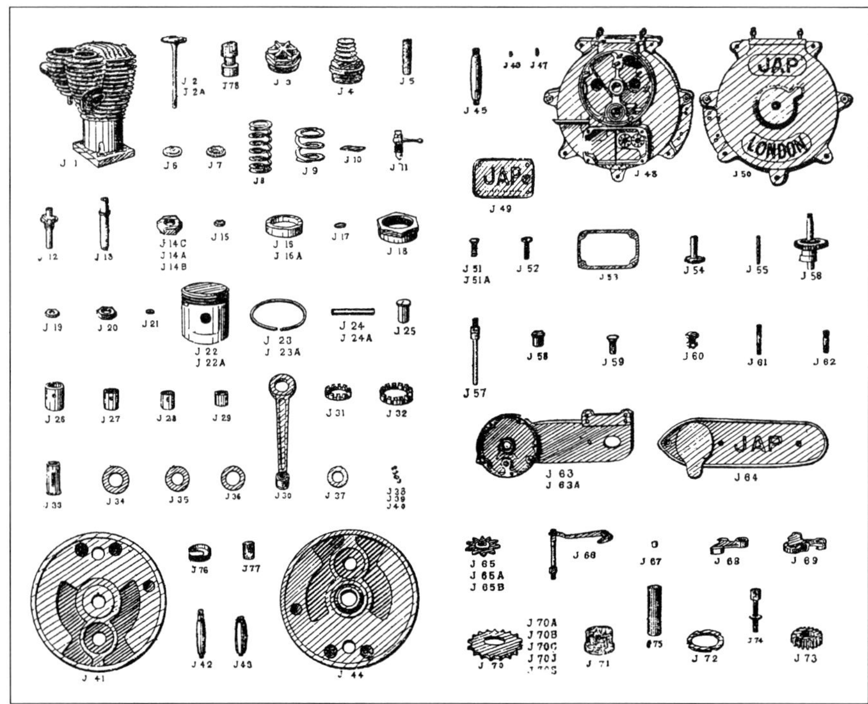

蹴ってスピードを保つ方式であった。

その後，これを手本にして動力付きのフロントカーがつくられるようになったが，クラッチも変速機もないものだった。当時そろそろ交差点に設置され始めた信号による停車などの場合，ストップのたびにエンジンは停止したという。エンジンをかけるにはハンドルに装備されたリフターレバーを握って勢いよく前に走り出して，ある程度スピードが出たらリフターレバーをはなして始動するものだった。早い話が，押しがけでエンジンを始動させていたから，エンジンストップのたびにこれをやらなくてはならなかった。初期のオートバイも同じであった。

このため，その後に改良が加えられて，始動のためのキック装置が付くようになり，さらにはクラッチが付いたものや2段変速のものなどが登場して，発進や停止，登坂でも従来に比較して運転が容易になった。

これらのスミスモーターを利用した三輪車は，ある程度は普及したようだが，前記の富塚教授は，オートバイ用も含めて，おそらく数百ほどの輸入で，多くても1000を超えないと断じている。しかも，後輪に取り付けられた動力付きのホイールは，駆動するとハンドルが振れてきわめて不安定であったという。そのために，あまり普及しなかったとのことだが，いずれにしても，これが，その後のオート三輪車の発展の元になったものだ。

2. 本格的なオート三輪の登場と全国的な普及

オート三輪車の普及は，オートバイのそれと同じような経緯をたどっている。どちらも庶民の所有するものとはいえず，一定の資産や収入がなければ購入できないものだった。しかし，時代とともに経済的に安定するようになって，じわじわと伸びていったのは，自動車の普及とも連動した社会の変化に対応したものといえる。

その後のオート三輪につながる本格的なものとしては，1925年頃につくられたウエルビー号が最初であるといわれている。大阪の東区内本町にある，川内松之助氏の経営するウエルビー商会（のちの山合製作所）で製作販売されたものである。使用されたエンジンは，イギリスのエンジンメーカーであるJAP製で350cc4サイクルのサイドバルブ式のもので，その後2馬力となっていたスミスモーターのエンジンに比較してずっと強力であった。JAP社は自動車やオートバイをつくらず，エンジンだけを製造販売していた会社で，エンジン単体の輸入が容易であった。

これにより，エンジンの始動もキック式となり，変速機も3段で，ローギアにすれば，かなりの急坂も登り切れるようになった。ちなみに，荷台が前にあったからフロントカーといわれたように，後ろにあるものがリアカーであった。

ウエルビー号は自転車にリアカーをつけたスタイルで，ガス溶接による鋼管フレームを用いたもので，自転車の組立方式を応用した独自の設計だった。従来の三輪車がヘッドランプ用として乾電池式の手持ち電灯を用いたのに対して，オートバイや自動車と同じようなヘッドライトとテールライトが装備されている点でも画期的だった。荷物も200kgほど積めるようになり，従来のものより20%も多くなっている。

エンジンからの動力は変速機をへてチェーンで駆動されるようになっていて，後輪の車軸は1本だけというシンプルなもので，デファレンシャル装置はなく右側のホイールのみを駆動する方式だった。このため，コーナーを曲がる際には，右と左では違うドライブフィーリングとなった。つまり，左の車輪が自由に回転することになるので，右コーナーはスムーズに曲がれるが，左コーナーではホイールの動きがおかしくなって曲がりづらいという欠点があった。同時に，エンジンのパワーが上がって，フレームにかなりの負荷がかかり，溶接したところが離れてしまうというトラブルも発生するようになった。

しかし，従来のものに比較すれば格段の進歩で，中小企業の輸送機関として，一定の人気があり，新しい需要を喚起するのに力があった。このために，ライバルメーカーがいくつも誕生した。

その代表的なメーカーが神戸の兵庫モータース（東野喜一氏経営）で，同じイギリスのJAPエンジンであっても，機構的に一歩進んだオーバーヘッドバルブ方式のエンジンを使用し，荷台も低い位置に置くことが可能なフレームを設計して，一段とあか抜けたものであったという。このため，パイオニアとして人気のあったウエルビー号

1925年当時の雑誌広告。

1928年輸入エンジン搭載車のニューエラ。

に迫る売れ行きであった。このエンジンを輸入した東西モーターの代表である小野悟弐氏は，その後ニッサン自動車の販売で活躍するようになる人物である。

このほかにも，機械類の輸入商社として規模を拡大しつつあった京都の大沢商会が，同じイギリスのオートバイメーカーのBSAエンジンを使ってサクセス号を製作販売して，一定の成功をおさめた。

1925年（大正4年）には2社しかなかったオート三輪メーカーは，翌年には8社となり，1927年には16社、翌28年には35社を数えるまでになった。それだけ普及してきたのだ。

当時の自動車も，メーカーから出荷される段階では，多くがエンジン付きのシャシーフレームの状態で，用途や好みに応じてボディが架装されていたから，こうした機械類の組立や溶接を含む各種の作業をする職人がいて，エンジンさえ手に入れば比較的簡単につくることができたという背景もあった。オートバイの輸入も増えてきて，補給部品としてエンジンを初め変速機や電装品，さらには気化器などがオート三輪用に流用された。

やがて，海外の部品メーカーと提携して国産の部品がつくられるようになり，エンジンそのものも試作され，それを搭載したものも出現してきた。しかし，メーカー数は増えたとはいえ，いずれも小規模な企業が家内工業的に製作するもので，フォードやゼネラルモータースがやるような量産自動車とはまったく違うものであった。日本

ハーレーのエンジンを使用して製作されたもので，溝型鋼板をリベット止めしたフレームで価格は1075円だった。

の土壌にあったものが，下からの要望によって日本独特のクルマとして形をなしていったといえる。だからこそ，軍用トラックのように保護育成されなくとも，普及していったのだ。

日本での自動車運転が免許制になったのは1919年（大正8年）のことで，これにともなって「自動車取締法」が施行された。排気量も小さく，販売台数も限られていたオート二輪などは，法規上は野放しであったが，1925年には車両の規格が政府によって制定され，オート三輪車は小型車の範疇に入るクルマとなった。

小型車は，車両寸法が巾3尺（0.9m），長さ8尺（2.4m），高さ3尺6寸（約1.1m）以内，エンジンは3.5馬力以内，変速機は前進2段，制動機は1個以上装備していること，最高速度は時速16マイル（25.6㎞）以内，積載量60貫（225㎏）以内などが条件で，審査に合格したものが販売を許可され，無免許で運転することができた。

この規定は，1930年（昭和5年）に改定されて，車両寸法が幅4尺（1.2m），長さ9.3尺（2.8m），高さ6尺（1.8m）以内，エンジンはそれまでの馬力ではなく排気量で制限されることになり，4サイクルは500cc，2サイクルは350ccまでとなった。サイズもエンジンも一回り大きくなって，性能の向上が可能になったのだ。

動力の付いたものが走るようになると，荷物も重いものや大きなものを積むようになり，排気量やパワーで不足を感じるようになってくるものだ。それにつれてユーザーのほうからはパワーアップや積載量をふやす要望が強くなってくる。

そこで，小型車の排気量やサイズのアップを関係筋に陳情する一方で，規定よりも大きい排気量のエンジンが搭載されたオート三輪車が町中を走るようになった。見た目だけではエンジンの排気量はわからないから，最初のうちはごまかすことができたが，そのうちに摘発されて販売を停止されるなどの処分が下されるようになった。

このため，大阪を中心にした業界では大きな混乱が生じ，政府関係への陳情も活発になった。当局の方でも，排気量を350ccに抑えておくのは無理があると判断して，改

オート三輪車を対象にしたHHHテントという風防と幌の屋根とをセットにした商品も販売されるようになった。

定されることになったという。ちなみに，ニッサンの源流となる最初のダットサンも，この小型車の規格改定に刺激されてつくられた四輪車で，当時の自動車取締法ではオート三輪と同じカテゴリーのクルマで，無免許で乗れるものだった。このときの新しい規定になるまでは，小型といえども四輪車として成立するものではなかった。

3. 自動車としての機能を備えたオート三輪車の登場

オート三輪車が，自動車としての機構を整えるようになるのは，1920年代の後半，昭和に入ってのことである。

小口の運送用としての需要が高まり，小さいメーカーが中心ではあっても競争が激しくなるにつれて，改良が加えられて便利なものになっていった。

その第一が後退用のギアの設置である。エンジン性能が上がるにつれて3段変速のミッション付きがふつうになったが，オートバイ用の変速機を流用したもので，ギアは前進用だけであった。狭い道を引き返す場合など不便だった。このため，後退ギアをもったものが登場すると，どのメーカーもこれを採用しないわけにはいかず，たちまちのうちに普及した。

次の改良は差動装置の装着である。後輪の片側だけを駆動するタイプでは，コーナーではホイールがロックしたりするブレーキ現象が発生して運転がしづらかったか

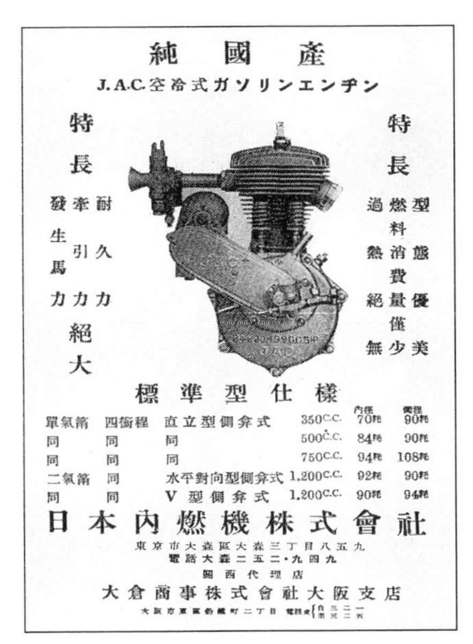

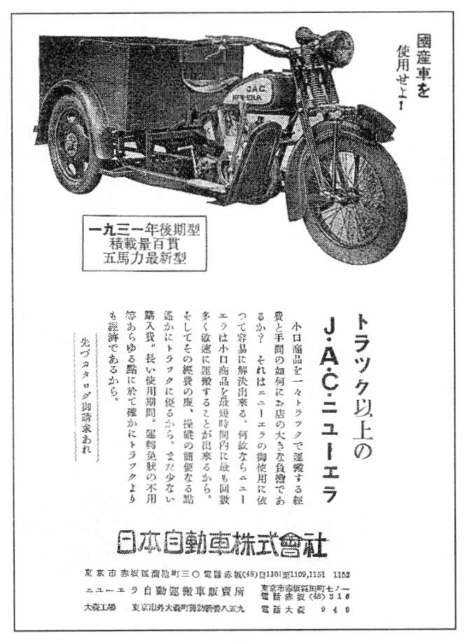

1931,32年ころのニューエラ号及び日本内燃機の広告で，エンジン単体でも販売していた。

ら，この改良は早くからのユーザーの切なる要求であった。要するに差動装置，デファレンシャルギアを設置することで解決をみた。これも一つのメーカーが実施すると他のメーカーも追随しないわけにはいかないと，多くのオート三輪が装着した。

これは駆動装置の変更をともなうものである。従来はエンジンのパワーをホイールに伝導するのは，オートバイと同じようにチェーンが用いられていた。エンジンから変速機までの一次伝導，さらに変速機からホイールまでの二次伝導ともチェーンが使用されていた。一次伝導の場合はエンジン回転が減速されるからトルクのかかり方は小さいが，二次伝導の方は大きなトルクがかかる。まして，オートバイと違って何百キロもある荷物を積んで走るから，オートバイ用のチェーンではすぐに緩んだり，切れてしまうという問題を抱えていた。一次伝導用のチェーンの3分の1ほどの耐久性しかなかったという。しかも，街の中でも舗装されているところはごくわずかしかない時代のことであるから，チェーンは泥や油まみれになっていた。チェーンが伸びた場合は，変速機とホイールの位置を変更したり，チェーンの交換作業をしなくてはならない煩わしさがあった。

このため，差動装置をつけてドライブシャフトで後ろの2輪を駆動するものが登場すると，チェーンのメンテナンスから解放されることになった。このチェーンのメンテナンスの煩わしさは，オート三輪の普及の妨げになっていたほどの問題だったから，この改良はユーザーにとっては大きな朗報であった。それに，コーナーでの曲がりに

創業1934年で650cc車は1049円だった。

大阪のメーカーで600cc車は1180円の価格。

くさも解消されたのだ。

この進化した方式にするには，エンジンからの回転をホイールに伝えるようにするには回転軸の方向を90度変える必要があり，傘歯車を用いなくてはならなかった。チェーンを用いていれば，海外のオートバイ用の部品を流用すればよかったが，こうなると駆動部分を国産化する必要があった。耐久性があって，精度のよいギアをつくるにはかなりの技術やスキルが要求された。こうした要求によって自動車関連の部品の技術進歩が促されたのである。

これをきっかけにして，いろいろな部品の国産化が進められた。自転車に簡単な動力を取り付けることでスタートしたオート三輪車が，普及していくにつれて進化し，自動車としての機能が確立したことになる。

4. 国産化によるオート三輪車の隆盛

前述したように，オート三輪のエンジンはイギリスのJAPを初めとして，BSA,さらにはアメリカのオートバイメーカーのハーレーダビッドソンやインディアン，ドイツの2サイクルのDKWなどが多く使用されていた。国産部品が次第に増えていく中で，エンジンを開発するメーカーも出てきた。しかし，現在に比較するとはるかに舶来品に対する信頼感が強く，国産エンジンに対しては最初から不信感があったようで，初

650ccの1937年型車で価格は850円である。

670ccのHT-6型1095円，生産台数の多さを誇る。

めのうちはユーザーにも敬遠されていたという。

国産エンジンの搭載されたオート三輪車は，1926年（大正15年）に広島の宍戸オートバイ製作所によってつくられたのが最初であるといわれている。二人の兄弟によるこの企業は，主としてオートバイをつくっていたが，自分たちで開発したオートバイのエンジンを搭載したオート三輪車をつくるようになった。おそらくお客の要望によって製作したもので，その後もある程度販売されたという。空冷で500cc，4.4馬力であった。売価は800円ということだが，手作りで開発したエンジンは，輸入したものより高価になり，だからといって販売価格を高くできないという悩みがあったようだ。注文に応じてつくっていたが，宍戸兄弟の会社は数年後にオート三輪の製造を中止している。本来なら，オート三輪車の需要が上向いてきているから，経営も順調にいくのではと思われたが，資本力などの点で，量産されて競争が激しくなることで逆に経営的に苦しくなったようだ。

国産エンジンの信頼性を確保するきっかけとなったのが，水冷エンジンの登場であったともいわれている。海外のエンジンはいずれも単気筒の空冷だった。オートバイ用エンジンも主流は空冷であり，国産化されるエンジンもほとんど空冷であった。

1928年（昭和3年）に名古屋にある水野鉄工所で製作したみづの式三輪トラックは，性能のよい水冷式エンジンを搭載したもので話題となった。単気筒水冷エンジンをフロントフォークの左側に水平に配置，チェーンで前輪を駆動する方式である。エンジ

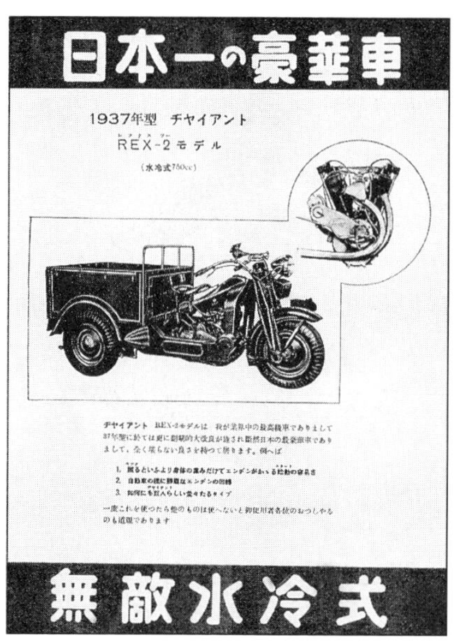

1931年に名古屋で創業，水冷エンジン750ccのREX-2型の価格は1300円だった。

スイスのMAG車のエンジンを搭載したMSA社製のREX-MAG型。これは水冷エンジンを使用したもので，スペアタイヤの陰にラジエターを配置している。同社はこのほかに国産エンジンを搭載したものもつくった。

スイスMAG社の輸入されたエンジン。左から単気筒空冷597cc6馬力，2気筒空冷741cc7馬力，2気筒水冷744cc7馬力，エンジン回転はいずれも3600rpm，エンジン重量は32～35kg。

ンの反対側にラジエターと燃料タンクを配置することで，フロントの左右のバランスを取るようにしていた。エンジンのすぐそばに変速機を置いたフロントエンジン・フロントドライブ方式で，差動装置の必要のない機構である。低速でのトルクを大きくするために，ローギアの減速比も他のクルマより大きくして，オート三輪車が苦手だった急勾配の坂道発進も可能になり，評判を呼ぶようになった。次いで，おなじ名古屋のナカノモータースで発売したヂャイアント号も水冷エンジンを搭載していた。

もちろん，シンプルな機構の国産エンジンも登場するようになったが，使用されるにつれて信頼性があることが浸透して，次第に国産エンジンのオート三輪車が増えてくるようになった。こうした動きを後押ししたのが，外貨不足による輸入の抑制政策で政府が音頭をとった国産品愛好運動である。

それでも，舶来品に対する信頼ムードは依然として根強いものがあった。大阪にあった発動機製造が，需要が増えつつあるオート三輪用エンジンを開発し，それを三輪メーカーに購入してもらう計画をたてたものの，思ったような販売数に達せず，そのためにエンジンだけでなく車両まで製作して，コンプリートメーカーとして名乗りを上げることになったのは，ダイハツの項で述べたとおりである。
いずれにしても，ダイハツの発動機製造，マツダの東洋工業といった技術的にも，企業としての規模にしても，それまでのメーカーよりも力のあるところが参入することで，オート三輪車は，新しい時代を迎えることになった。海外からの輸入エンジンを搭載したオート三輪車が次第に少なくなり，フレームだけでなくすべてが国産による車両中心の時代になっていく。それによって，名実ともに，オート三輪車は日本独自のカテゴリーのクルマとして完成を見ることになる。
技術的な蓄積のある企業が本格的に参入することによって，エンジンだけでなく，フレームやボディも整った設備で生産されることで，クルマとしての耐久性や信頼性も確保され，実用性が大きく増していった。それによって，メーカー同士の競争も新

東京の昭和内燃機の富士矢号はエンジンも国産で645cc16馬力の3速変速機を一体化しており，差動装置付きのドライブシャフト式。フレームは鋼板プレス製。全長2800mm，ホイールベース1910mm。

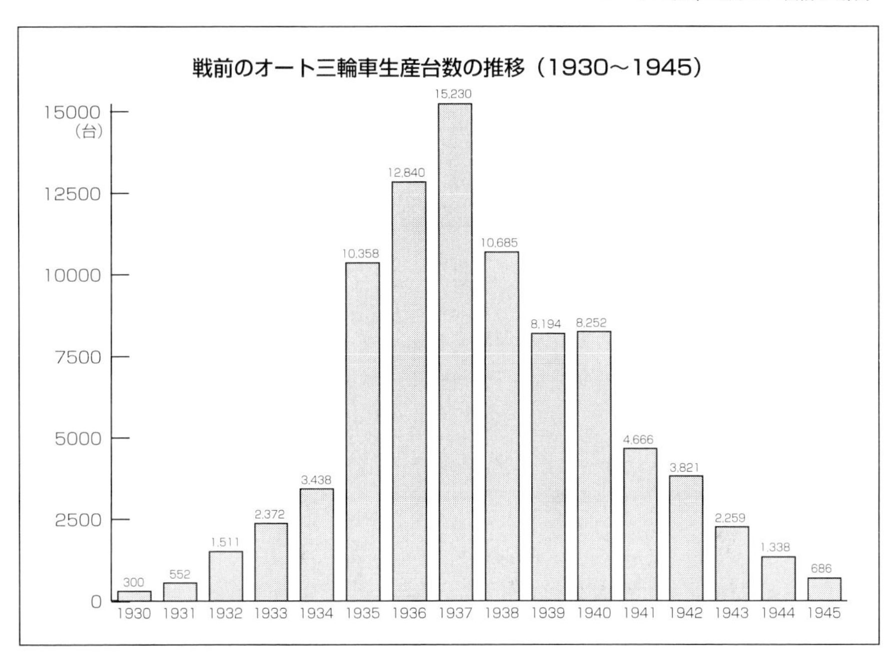

しい段階に入り，積載量の増大や車両としての性能向上が図られ，1930年代に入ってからは，生産台数も急激な伸びを見せるようになった。家内企業的な生産方式で，少量生産していた時代から脱皮して，オート三輪車の製造販売がひとつの産業として成立するようになったといえる。

5. 戦前のオート三輪のピークは 1937 年（昭和 12 年）

1933年（昭和8年）に小型自動車の車両規定が改定された。普通自動車は依然としてフォードとゼネラルモータースで生産するフォードやシボレーが圧倒的なシェアを誇っていたが，小型となると四輪車も含めて国産車が中心であった。しかし，排気量の制限や一人乗りというハンディキャップがあり，小型自動車メーカーや販売店などが改定のための陳情をくり返していた。国産品の愛用が叫ばれるようになって，業界の要望が前向きに検討されるようになり，小型車の規定は，排気量750cc以下，4人乗り，車両寸法も若干大きくなった。一人乗りで500cc以下という従来の規定から見ると，大幅な変更であるといえる。

この改定によって，オート三輪は運転席の脇に小さなシートがつけられて，助手の同乗が可能になった。運転手だけしか乗れないときには，荷物の積み下ろしも一人でやらなくてはならなかったが，これにより荷物の輸送が便利になった。商店や中小零

日新自動車のニッシン号。日本内燃機製JAC650cc15馬力を使用，気化器も当時からもっとも多く採用されたアマル製，フレームは荷台部分は鋼板の幅を広くした独特のもので，燃料タンクやフレームなどデザインに気を使っていた。しかし，年間の生産は200台足らずで昭和内燃機の富士矢号の半分ほどだった。

細の製造業の物資の輸送の需要は旺盛であったから，この改定による恩恵を受けたオート三輪車は，小口運送を営む運輸会社で購入する率が高まった。無免許で操縦できるうえに，3台以内の所有の場合は車庫の必要もなかったのは非常な特典であった。

クルマとしての機能も充実したものになってきており，メンテナンスに関しても次第に面倒がなくなり，信頼性も確保されるようになった。四輪車に比較すると，前輪が1輪である特性により，小回りが利き，駐車も楽で，狭い空間を利用して止められて，しかも出し入れも簡単という利便性があった。そのうえ，車両価格も普通車のおよそ3分の1，あるいはそれ以下という廉価なものであったことも，普及する大きな要因だった。

1933年のオート三輪車の保有台数は12000台近くに達し，小型車全体の保有台数3万台弱のおよそ40%を記録した。その後は小型車の分野では四輪車よりも三輪車の方が生産台数が上まわり，三輪車のシェアは50%を超えるようになり，その差は広がっていった。四輪車はニッサンのダットサンが圧倒的な勢力を誇っており，そのほかにはオオタや筑波号などメーカーの数もわずかであったのに対し，オート三輪車は，発動機製造，東洋工業，日本内燃機，日新自動車，日本エアブレーキ，昭和内燃機製作所，旭内燃機などの有力企業があり，さらには初期の段階から製造販売を続けている

ダイハツやマツダなど有力メーカーに次ぐ実績を残した大阪堺市の旭内燃機製のイワサキ号。各所にクロームメッキを施した優雅なスタイル。変速機は３段のメグロ製を使用，キックスターター付き。

イワサキ号は自家製の単気筒650ccとＶ型２気筒750cc水冷エンジンを搭載したが，ユーザーの要望に応えるために空冷単気筒650ccのKMK型(左)も用意していた。

ウエルビーモータース，ヂャイアントナカノモーター，中島自動車工業，ハーレーダビッドソンモーターサイクル㈱など，群雄割拠の状態であった。

排気量が750ccまでに拡大されたことに伴って，エンジンも大きなものが登場するようになり，それにつれて従来は単気筒ばかりであったものが，2気筒エンジンも見られるようになった。

車両価格も，エンジンの大きさや仕様の違いによって，700円台のものから，1500円もする高級なものまであった。およそ1000円といったところが平均的な価格であったが，このころのフォード車は2800円ほどであったという。

1935年（昭和10年）のオート三輪車の生産台数は1万台を超え，前年の3倍近い台数になっている。伸び率では戦前の最高を記録したが，翌年の36年には1万2000台，37年には1万5000台に達し，戦前のピークとなった。現在の自動車生産と比較すれば驚くような数字ではないかもしれないが，日本の農業人口が80%を超えていた時代のことであるから，大変な普及率であるといえる。

こうした急速な普及は，主として都市部でのことであったから，消音装置も付けていないオート三輪車がまき散らす騒音は，東京などでは大きな問題になった。1935年には，東京の赤坂霊南坂の急勾配を上るオート三輪車の騒音に対する苦情が警視庁に出された。坂の途中でギアを落とすから，そのエンジン音がよけいに大きくなり，付近の住民を悩ませるようになったのだ。

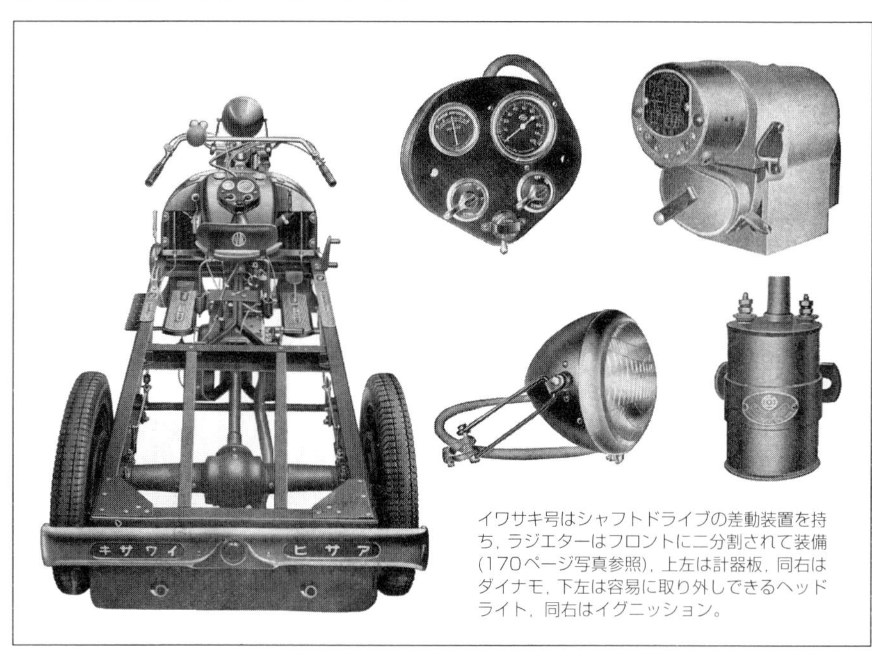

イワサキ号はシャフトドライブの差動装置を持ち，ラジエターはフロントに二分割されて装備（170ページ写真参照），上左は計器板，同右はダイナモ，下左は容易に取り外しできるヘッドライト，同右はイグニッション。

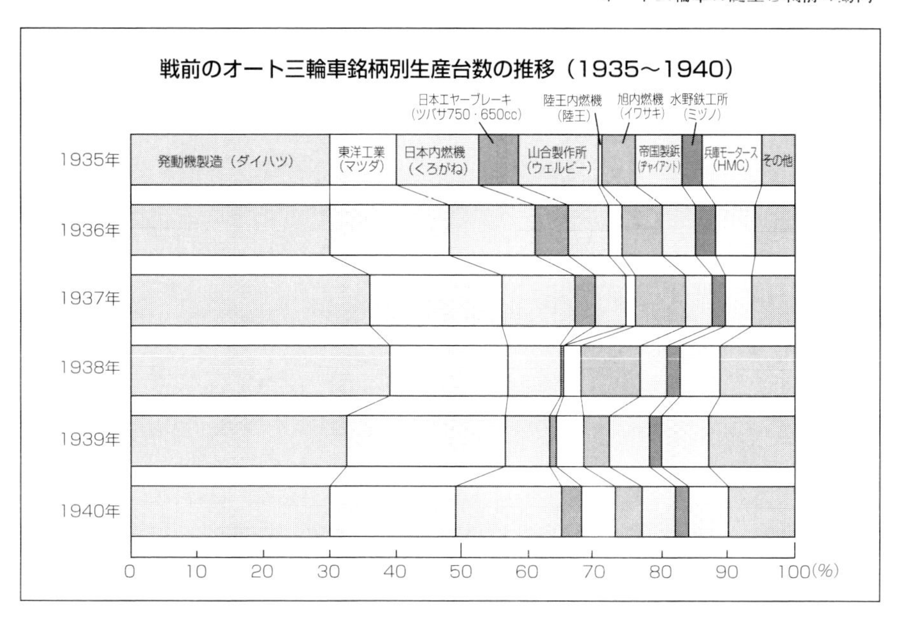

放置してはおけないと考えた警視庁は，早速その対策を立てることになった。とられたのは，小型自動車協会と協力して全国的に有効な消音器の懸賞募集をすることだった。音を小さくすればエンジンのパワーも一緒に落ちてしまうことになり，消音器の設置は案外にむずかしいものであった。200件に及ぶ試作品の応募があり，その中から一つだけが選ばれたという。

桜井盛親氏による設計のもので，これが規格消音器として指定され，オート三輪車に装着されることになった。現在なら，こうした消音器もメーカーが開発するのが当然と考えられるものだが，当時にあっては，テストも警視庁や内務省の役員が小型自動車協会のメンバーとともに立ち合って実施されている。

1937年の1万5000台の生産をピークとして以後生産台数が減少するのは，需要が減ったのではなく，日本が戦争への道を突き進むようになって，資材などの供給が思うようにいかなくなったことが原因である。

同時に燃料であるガソリンの入手にも制限が加わるようになり，中小零細企業を対象にしたオート三輪は，政府の戦争遂行政策にとっては保護の対象になるものではなかった。メーカー側では，燃料消費を少なくしたエンジンの開発にも配慮するようになったものの，軍事的な使用がすべてにわたって優先するようになり，オート三輪車の生産を確保する力にはなり得なかった。

1940年（昭和15年）になっても年間8000台以上も生産されていることを見ても，いかにオート三輪が庶民の輸送力として重要なものであったかがわかる。太平洋戦争の始まる1941年には，前年の半分の生産台数になり，それ以降は毎年半減していき，主力メーカーもオート三輪の生産から軍需品の生産に移っていくことになる。

6. ダットサンの祖先のクルマも三輪乗用車だった

小型三輪自動車というカテゴリーには，乗用車とトラックとある。これまで述べてきたのは荷物の運搬を目的とする商用車，つまり三輪トラックについてである。

生産台数の少ない当時にあって四輪車は，乗用車とトフックは共通のシャシーでつくられるのがほとんどだった。フォードやシボレーにしても，メーカーで組み立てるのはエンジン付きのローリングシャシーが多く，販売店がそれに乗用車用のボディを載せたり，キャビンと荷台を取り付けてトラックにしたりしていた。両車の区別が現在のように厳密に分かれていなかったのだ。

上左はゴーハム氏が足の不自由な櫛引氏(左側の人物)のためにつくったゴーハム号で，右はこれをもとに大阪の実用自動車で商品化された三輪乗用車のシャシー。下は量産化された工場前のゴーハム式三輪車。

とくに日本ではトラックの需要が多いという特徴がある。中小企業が多く，小口の輸送の需要が活発な経済体制になっている面があるからだ。

世界的に見て，三輪自動車は古くから存在していた。最初のガソリンエンジン車の一つとして歴史に残るカール・ベンツのつくった自動車もフロントが1輪の三輪車であった。しかし，これはエンジンの開発が中心で，たまたま3輪であったにすぎないものといえる。

意識的に三輪車として登場するのは，自動車がある程度普及し始めた1910年代に入ってからのことである。このころになると，主として自動車は富裕階級のものであったが,コストを下げてシンプルなクルマとして三輪車が設計されるようになった。使用する部品の点数を減らすことでコストダウンを図った三輪乗用車はサイクルカーと呼ばれた。見た目からして高級車との違いが明瞭で，クルマを所有できる階層としては貧者のためのものであった。ヨーロッパだけでなくアメリカでも大メーカーではないところから，こうしたタイプのクルマがわずかであったがつくられた。

日本でも，三輪乗用車は早くからつくられている。基本的には，欧米と同じようにコストダウンを図ったものであるが，もともとクルマは高級な舶来品としてごく一部の人や企業のものであったから，三輪車といえども国産車としてつくられることは，それだけで注目される新しい動きであった。

日本でつくられた三輪乗用車として歴史にその名をとどめているのが1919年（大正8年）に登場したゴーハム号である。アメリカで航空機用エンジンなどを開発した経験を持ち，日本に航空機エンジンの技術指導に来日したウイリアム・ゴーハム氏がつくったものである。日本に来るきっかけをつくった興行師の櫛引弓人氏が足が不自由であるために，特別に運転しやすい三輪乗用車をつくり，彼に送ったものである。エンジンはオート三輪によく使われるようになったハーレーダビッドソンのものを流用したシンプルな自動車，荷物を積むことを想定せずにあくまでも乗用を目的にしたものであった。

大正年間に，横浜を中心に走っていたらしいが，物珍しさもあったのだろう，これが評判となり，大阪の実業家たちが目を付け，事業化が図られた。

大阪に月50台の生産能力をもつ設備を整えて，第一次世界大戦で事業を拡大して大きな利益を上げた久保田鉄工などの出資で実用自動車が設立され，ゴーハムが工場長に迎えられて事業がスタートした。しかし，採算をとろうとすると，1台1000円という価格となり，思ったほどの販売台数は確保することができずに，事業はすぐに行き詰まった。オート三輪のように輸送のためという実用性のない乗用車の需要は少なかったのである。ゴーハム氏は責任をとって辞職，その後鮎川義介氏に雇われて，やがてニッサンの設立に当たって設備を整えるなどの働きをすることになる。

実用自動車では，売れ行き不振を挽回する手段として三輪から四輪に改造して販売するが，売れ行きの回復には結びつかなかった。三輪車ではコーナーで不安定になって転倒することがあり，この対策に4輪にしたのだが，乗用車の場合は，コストを抑えて我慢するようなタイプのものは商品として成立しないといっていい。

この実用自動車は，経営の行き詰まったダット自動車と合併して軍用トラックをつくるようになり，その成功によって生じた余力でダットサンと命名される小型四輪乗用車を開発する。これが，鮎川義介氏によって会社ごと買われてニッサン自動車の製品として販売されるようになり，ダットサンの名が有名になる元をつくった。

このダットサンも，小型自動車が無免許で乗れるという特典に目を付けて開発されたもので，同時に小さいクルマであっても機構的に充分に配慮されたものになっていなくては商品価値がないという反省の上に立ってつくられたものであった。オート三輪とダットサンは同じ500～750ccというエンジン排気量であったが，前者は空冷単気筒であるのに対し，後者は水冷4気筒という違いがあった。

三輪自動車は，実用性を重視しトラックとしての機能を果たすオート三輪車としてしか成立しないものであり，その意味でも日本独自の自動車として開花したものであったのだ。

●参考文献

・小型自動車発達史　自動車工業会
・小型自動車の歩み(創刊10周年記念号)　小型自動車新聞社
・小型情報(昭和23～)　自動車工業振興会
・日本における自動車の世紀＝トヨタとニッサンを中心に　桂木洋二著　グランプリ出版
・中村良夫自伝　中村良夫著　三樹書房
・日本のオートバイの歴史　富塚清著　三樹書房
・懐かしの軽自動車　中沖満著　グランプリ出版
・ダイハツ60年史　ダイハツ工業発行
・東洋工業50年史　東洋工業発行
・三菱自動車工業社史　三菱自動車発行
・日本自動車工業史稿　日本自動車工業会編
・日本の自動車工業資料及び自動車統計月報　自動車工業振興会
・モーター誌バックナンバー　極東書房
・モーターファン誌バックナンバー　三栄書房
・自動車技術誌バックナンバー　自動車技術会

■生産台数の推移

出典：日本自動車工業会

年 別（1～12月）	乗用車	トラック			合計
	小型三輪車	小型三輪車	軽三輪車	計	
昭和25年	（85）1,070	34,428	—	34,428	35,498
昭和26年	（20）1,077	42,725	—	42,725	43,802
昭和27年	413	61,811	—	61,811	62,224
昭和28年	59	96,025	1,400	97,425	97,484
昭和29年	8	96,868	1,205	98,073	98,081
昭和30年	—	87,248	656	87,904	87,904
昭和31年	—	103,926	1,483	105,409	105,409
昭和32年	—	111,352	3,585	114,937	114,937
昭和33年	—	84,875	14,002	98,877	98,877
昭和34年	—	74,803	83,239	158,042	158,042
昭和35年	—	87,057	190,975	278,032	278,032
昭和36年	—	86,222	138,373	224,595	224,595
昭和37年	—	68,600	75,567	144,167	144,167
昭和38年	—	51,305	65,885	117,190	117,190
昭和39年	—	37,794	42,254	80,048	80,048
昭和40年	—	21,910	21,034	42,944	42,944
昭和41年	—	18,666	14,698	33,364	33,364
昭和42年	—	17,401	9,052	26,453	26,453
昭和43年	—	14,810	6,984	21,794	21,794
昭和44年	—	13,431	3,651	17,082	17,082
昭和45年	—	12,564	1,497	14,061	14,061
昭和46年	—	9,364	2,509	11,873	11,873
昭和47年	—	3,197	—	3,197	3,197
昭和48年	—	2,904	—	2,904	2,904
昭和49年	—	1,020	—	1,020	1,020
昭和50年	—	—	—	—	—

注：三輪乗用車内の（　）内は軽三輪車で内数。

■【参考】自動車（新車）新規登録・届出台数の推移

※表は台数が判明した部分のみを記載して作成

年　別	三輪車 （軽自動車は含まず）	三輪車 （普通車、小型車、軽自動車）
昭和 30 年	（不明）	87,735
昭和 35 年	83,810	260,143
昭和 36 年	84,574	（不明）
昭和 37 年	68,668	（不明）
昭和 38 年	52,852	（不明）
昭和 39 年	38,200	74,475
昭和 40 年	22,183	42,851
昭和 41 年	17,277	30,498
昭和 42 年	13,350	21,465
昭和 43 年	8,922	14,269
昭和 44 年	6,729	9,656
昭和 45 年	（不明）	6,431
昭和 46 年	（不明）	4,508
昭和 47 年	（不明）	2,006
昭和 48 年	（不明）	610
昭和 49 年	（不明）	6
備考	※運輸省調査	※日本自動車販売協会連合会 全国軽自動車協会連合会調査 （昭和 40 年まではメーカー調査）

※日本自動車工業会資料をもとに編集部にて作成

■収録車両 主要索引

【発動機製造・ダイハツ】

【東洋工業・マツダ】

【日本内燃機・くろがね】

【新三菱重工業・みずしま】

【愛知機械工業・ヂャイアント】

【三井精機工業・オリエント】

【日新工業・サンカー】

【明和自動車工業・アキツ】

【オート三輪車の誕生と戦前の動向】

日本のオート三輪車史

編　者	GP企画センター
発行者	山田国光
発行所	株式会社グランプリ出版 〒101-0051　東京都千代田区神田神保町1-32 電話 03-3295-0005(代)　FAX 03-3291-4418 振替 00160-2-14691
印刷・製本	モリモト印刷株式会社